UNIVERSO LINGUÍSTICO DA CIÊNCIA
SUBJETIVIDADE, INTERAÇÃO E MODALIZAÇÃO DO FAZER CIENTÍFICO

Editora Appris Ltda.
1.ª Edição - Copyright© 2024 do autor
Direitos de Edição Reservados à Editora Appris Ltda.

Nenhuma parte desta obra poderá ser utilizada indevidamente, sem estar de acordo com a Lei nº 9.610/98. Se incorreções forem encontradas, serão de exclusiva responsabilidade de seus organizadores. Foi realizado o Depósito Legal na Fundação Biblioteca Nacional, de acordo com as Leis nºs 10.994, de 14/12/2004, e 12.192, de 14/01/2010.

Catalogação na Fonte
Elaborado por: Dayanne Leal Souza
Bibliotecária CRB 9/2162

N754u 2024	Nobre, José Cláudio Luiz Universo linguístico da ciência: subjetividade, interação e modalização do fazer científico / José Cláudio Luiz Nobre. – 1. ed. – Curitiba: Appris, 2024. 205 p. : il. ; 23 cm. – (Coleção Multidisciplinaridade em Saúde e Humanidades). Inclui referências. ISBN 978-65-250-7067-4 1. Sujeito. 2. Subjetividade. 3. Discurso. 4. Interação. 5. Ciência. I. Nobre, José Cláudio Luiz. II. Título. III. Série. CDD – 370.14

Livro de acordo com a normalização técnica da ABNT

Appris _editora_

Editora e Livraria Appris Ltda.
Av. Manoel Ribas, 2265 – Mercês
Curitiba/PR – CEP: 80810-002
Tel. (41) 3156 - 4731
www.editoraappris.com.br

Printed in Brazil
Impresso no Brasil

José Cláudio Luiz Nobre

UNIVERSO LINGUÍSTICO DA CIÊNCIA
SUBJETIVIDADE, INTERAÇÃO E
MODALIZAÇÃO DO FAZER CIENTÍFICO

Appris *editora*

Curitiba, PR
2024

FICHA TÉCNICA

EDITORIAL
Augusto Coelho
Sara C. de Andrade Coelho

COMITÊ EDITORIAL
Ana El Achkar (Universo/RJ)
Andréa Barbosa Gouveia (UFPR)
Antonio Evangelista de Souza Netto (PUC-SP)
Belinda Cunha (UFPB)
Délton Winter de Carvalho (FMP)
Edson da Silva (UFVJM)
Eliete Correia dos Santos (UEPB)
Erineu Foerste (Ufes)
Fabiano Santos (UERJ-IESP)
Francinete Fernandes de Sousa (UEPB)
Francisco Carlos Duarte (PUCPR)
Francisco de Assis (Fiam-Faam-SP-Brasil)
Gláucia Figueiredo (UNIPAMPA/ UDELAR)
Jacques de Lima Ferreira (UNOESC)
Jean Carlos Gonçalves (UFPR)
José Wálter Nunes (UnB)
Junia de Vilhena (PUC-RIO)

Lucas Mesquita (UNILA)
Márcia Gonçalves (Unitau)
Maria Aparecida Barbosa (USP)
Maria Margarida de Andrade (Umack)
Marilda A. Behrens (PUCPR)
Marília Andrade Torales Campos (UFPR)
Marli Caetano
Patrícia L. Torres (PUCPR)
Paula Costa Mosca Macedo (UNIFESP)
Ramon Blanco (UNILA)
Roberta Ecleide Kelly (NEPE)
Roque Ismael da Costa Güllich (UFFS)
Sergio Gomes (UFRJ)
Tiago Gagliano Pinto Alberto (PUCPR)
Toni Reis (UP)
Valdomiro de Oliveira (UFPR)

SUPERVISORA EDITORIAL
Renata C. Lopes

PRODUÇÃO EDITORIAL
Bruna Holmen

REVISÃO
Camila Dias Manoel

DIAGRAMAÇÃO
Andrezza Libel

CAPA
Eneo Lage

REVISÃO DE PROVA
Daniela Nazario

COMITÊ CIENTÍFICO DA COLEÇÃO MULTIDISCIPLINARIDADES EM SAÚDE E HUMANIDADES

DIREÇÃO CIENTÍFICA
Dr.ª Márcia Gonçalves (Unitau)

CONSULTORES
Lilian Dias Bernardo (IFRJ)

Taiuani Marquine Raymundo (UFPR)

Tatiana Barcelos Pontes (UNB)

Janaína Doria Líbano Soares (IFRJ)

Rubens Reimao (USP)

Edson Marques (Unioeste)

Maria Cristina Marcucci Ribeiro (Unian-SP)

Maria Helena Zamora (PUC-Rio)

Aidecivaldo Fernandes de Jesus (FEPI)

Zaida Aurora Geraldes (Famerp)

Se toda coincidência/ Tende a que se entenda/ E toda lenda/ Quer chegar aqui/ A ciência não se aprende/ A ciência apreende/ A ciência em si Se toda estrela cadente/ Cai pra fazer sentido/ E todo mito/ Quer ter carne aqui/ A ciência não se ensina/ A ciência insemina/ A ciência em si Se o que se pode ver, ouvir, pegar, medir, pesar/ Do avião a jato ao jaboti/ Desperta o que ainda não, não se pôde pensar/ Do sono eterno ao eterno devir/ Como a órbita da terra abraça o vácuo devagar/ Para alcançar o que já estava aqui/ Se a crença quer se materializar/ Tanto quanto a experiência quer se abstrair/ A ciência não avança/ A ciência alcança/ A Ciência em Si (Gilberto Gil & Arnaldo Antunes em "A ciência em si")

Passo além de mim/ Me atravesso/ Me conheço ao avesso/ Ouço a minha voz/ Meus silêncios/ Desafino/ Canto hinos/ Vejo sombras vejo luz/ Quando os meus olhos/ Cruzam se no espelho/ E as verdades saltam/ Mesmo assim eu vou além/ Me atravesso me conheço/ Do outro lado do avesso/ Lá também estou EU. (Marielza Tiscate em "Olhos no espelho")

Entre a célula e o céu/ O DNA e Deus/ O quark e a Via Láctea/ A bactéria e a galáxia/ Entre agora e o eon/ O íon e o Órion/ A lua e o magnéton/ Entre a estrela e o elétron/ Entre o glóbulo e o globo blue/ Eu, um cosmos em mim só/ Um átimo de pó/ Assim: do yang ao yin/ Eu e o nada, nada não/ O vasto, vasto vão/ Do espaço até o spin/ Do sem-fim além de mim/ Ao sem-fim aquém de mim/ Den' de mim (Gilberto Gil & Carlos Rennó em "Átimo de pó")

Pedi pro sol me responder o que é o amor/ Ele me falou é um grande fogo/ Procurei os búzios e tornei a perguntar/ Eles me disseram o amor é um jogo/ Lembrei que a lua tinha muito pra contar/ Ela se abriu pra mim/ Disse que o amor usa tantas fases/ É uma luz que não tem fim Pedi pro vento que soprasse o que é o amor/ Ele garantiu é tempestade/ Bandos de estrelas me contaram sem piscar/ O amor é pura eternidade/ Sem saber direito perguntei pro coração/ Que sem medo respondeu/ O amor é fogo, água, céu e terra/ Sente o amor sou EU (Eduardo Dusek em "Sou eu")

AGRADECIMENTOS

A DEUS, o SER por excelência.

Ao Mestre, pela Luz da Ciência.

A meu pai, José Luiz, e minha mãe, Verdina Nobre (*in memoriam*): pessoas com quem aprendi a ciência da vida e de quem ouvi os primeiros ensinamentos.

A minha família, pelo significado em tudo o que faço.

A Milton do Nascimento e Hugo Mari, pelas orientações precisas.

PREFÁCIO

Entre o dizer e o fazer científico: as aporias da representação

O texto de José Cláudio Luiz Nobre é uma viagem sobre o comportamento linguístico do sujeito diante dos desafios do dizer a ciência. Dizer qualquer fato do mundo da vida que experienciamos não é algo simples: o nosso dizer parece algo acanhado diante das experiências vívidas e enriquecidas por muitos detalhes; traduzimos uma fração delas e descartamos o resto. Se tentássemos uma totalização, com certeza não teríamos interlocutores disponíveis. A linguagem, todavia, continua sendo a forma mais disseminada e eficaz, quando o desafio é estender ao outro as impressões que temos sobre as coisas do mundo em quaisquer dimensões que as situemos. Para isso, costumamos potencializar nossa expressão pelas certezas que nutrimos, como relativizar a formulação pelas incertezas que nos perseguem. Uma compensação comum para esse movimento de mão dupla costuma ser a modalização discursiva: alternamos ênfases com atenuações possíveis.

As categorias de que Nobre se vale no trajeto dessa viagem, em busca de um 'ideal' para dizer a ciência, são ao mesmo tempo extensas e complexas. Sua extensão pode ser aferida por aquilo que representa o conceito de sujeito, por ter um longo percurso por diversas esferas do conhecimento humano. Esse sujeito, qualquer que seja ele, é responsável por todos acertos e desacertos do que se diz sobre o mundo da vida.

O autor nos traz, no capítulo 2, verdadeiros enigmas de interrelações a que o sujeito pode estar submetido: sujeito/subjetividade — a subjetividade é uma fratura do sujeito? — sujeito/ser — o sujeito é um pedaço do ser? —; sujeito/linguagem — a linguagem é uma condição para o sujeito? Entre outras, essas são correlações que abrem trincheiras diferentes para a compreensão do sujeito. O seu território está sempre aberto a novas indagações, sobretudo quando visitamos campos teóricos distintos, a partir dos quais o conceito de sujeito se coloca diante de novos desafios teóricos.

Outro conceito fundamental e complexo que Nobre elenca é o da modalização que tem uma longa trajetória nas lógicas modais e nos sistemas linguísticos. Muitos autores buscaram, na modalização lógica, um padrão conceitual mais amplo que pudesse materializar formalmente sua realização na linguagem natural. Greimas, por exemplo, valeu-se do padrão modal para uma extensão daquilo que seriam as modalidades discursivas que denominou de 'cálculo' semiótico. A abordagem de Nobre procura desenvolver, no Capítulo 3, uma varredura extensa de princípios e categorias que recobrem muitos aspectos da modalização, urdidos a partir de sua forma linguística.

Aqui, merecem destaque os processos intersubjetivos que validam a atividade de modalização na linguagem. Além das categorias linguísticas marcadas como modalizadores sobre as quais o autor faz uma ampla discussão dos valores que podem assumir nas narrativas, ele expande essa discussão para a dimensão enunciativa, mostrando que modalizar é, antes de tudo, uma postura do locutor não apenas diante dos objetos que desafia uma qualificação do dizer, mas também da forma como dizemos aos nossos interlocutores.

No Capítulo 4, Nobre enfrenta o seu maior desafio: o de mostrar a presença de modalidades como um tributo fundamental na representação do conhecimento. O autor não enfrentou as vicissitudes da busca de um padrão único de modalização, mas buscou vascular, na atividade dos falantes, aquilo que estes oferecem de potencial para a expressão do conhecimento construído. E essa forma de expressão Nobre explorou em termos de sua representação no enunciado, como também de sua representação na dimensão dos elementos que integram o processo enunciativo. Esse construir o conhecimento, através do processo linguístico analisado pelo autor, revela que há sempre uma orientação modalizadora própria que possibilita, nas circunstâncias interlocutivas, uma forma de interpelar os objetos.

Nesse capítulo o autor dedica-se a traçar diversos aspectos da gênese e da funcionalidade social da textualidade discursiva, em termos modais. Num trajeto que salienta o ponto de partida de sua construção — a natureza interlocutiva que é sempre destacada pelo autor —, ele perpassa a macro arquitetura textual a partir de modelização que integra o texto em um processo social mais amplo, até alcançar a sua construção que projeta tópicos temáticos sob a forma de enunciados. Trata-se de um capítulo extenso, pelo número de parâmetros que são elencados para abordar o objetivo central do autor — o dizer o conhecimento científico —, e denso, por ser uma abordagem que busca a integração de tais parâmetros, destacando, em cada momento de tecitura do capítulo, a sua importância nessa arquitetura.

Deixo aqui um incentivo preliminar aos leitores desse livro para acompanharem Nobre nesse desafio integrante a que se propôs.

Hugo Mari
Professor pesquisador do Programa de Pós Graduação da PUC Minas nas áreas de semântica, pragmática, cognição e análise do discurso.

SUMÁRIO

1

INTRODUÇÃO 17

2

OBJETIVIDADE/SUBJETIVIDADE E O FAZER CIENTÍFICO 21

2.1 Sujeito/subjetividade, texto e ciência 22

2.1.1 História da construção/desconstrução do sujeito na/pela ciência......... 22

2.1.2 Noção científica de sujeito e subjetividade.............................. 26

2.1.2.1 O sujeito e o ser 31

2.1.3 Sujeito e construção do objeto científico 34

2.1.4 Sujeito e construção da referência científica: o texto..................... 37

2.2 Concepções de sujeito, texto e sentido......................................41

2.2.1 Concepção histórica de sujeito na linguagem...........................41

2.2.1.1 Texto/sentido e construção do sujeito 44

2.2.2 Sujeito/subjetividade em Benveniste 46

2.2.2.1 Instância enunciativa e construção do sujeito......................... 48

2.3 Linguagem e sujeito em Foucault...51

2.3.1 A linguagem e o ser.. 52

2.3.2 O ser do homem, a natureza e o conhecimento......................... 55

2.3.2.1 A analítica da finitude.. 57

2.3.2.2 O duplo empírico-transcendental 58

2.3.2.3 O cogito e o impensado 60

2.3.2.4 A origem (in)possível.. 63

3

O MODO DE DIZER A CIÊNCIA... 65

3.1 Modalidade e o fenômeno da modalização................................... 65

3.1.1 Breve histórico da modalidade e suas categorias........................ 65

3.1.2 Especificidades da modalização...................................... 70

3.2 O processamento da modalização 72

3.2.1 No âmbito da construção da situação de interlocução 74

3.2.1.1 Escolha do meio de circulação dos textos 74

3.2.1.2 A escolha do gênero/tipo textual.................................... 75

3.2.1.3 O estabelecimento da interlocução................................... 76

3.2.2 No âmbito da construção do texto 78

3.2.2.1 A escolha dos tópicos discursivos e o seu gerenciamento 78

3.2.2.2 A articulação dos tópicos e subtópicos discursivos 79

3.2.2.3 A referenciação da relação enunciador/enunciatário 81

3.2.2.4 O processamento dêitico na referenciação da relação Eo/Ea 82

3.2.2.5 Modalizadores do conteúdo referenciado na relação Eo /Ea 85

3.2.2.6 Advérbios relacionados ao dictum 87

3.2.2.6.1 Advérbios relacionados ao dicere 88

3.2.2.6.2 Advérbios relacionados ao uelle dicere 88

3.2.2.6.3 Advérbios pronominais 89

3.2.2.6.4 Partículas modais 89

3.2.2.6.5 Além da modalidade frásica 91

3.2.2.6.6 Componentes da semântica frásica 92

3.2.2.6.6.1 Os componentes ontológicos ou conteúdo proposicional 93

3.2.2.6.6.2 Os componentes do conteúdo comunicativo 94

3.2.2.7 A escolha do modo verbal 97

3.2.2.7.1 O indicativo 97

3.2.2.7.2 O subjuntivo 98

3.2.2.7.3 O futuro do pretérito 99

3.2.2.7.4 O imperativo 99

3.2.3 A construção dos enunciados 99

3.2.4 A escolha do vocabulário (lexicalização) 101

4
ANÁLISE DE TEXTOS CIENTÍFICOS 103

4.1 Texto 01: Genes defeituosos causam doenças 104

4.1.1 A construção da situação de interlocução 105

4.1.1.1 A escolha do meio de circulação do texto 106

4.1.1.2 A escolha do gênero/tipo textual 107

4.1.1.3 O estabelecimento da interlocução 109

4.1.2 A construção do texto 110

4.1.2.1 A escolha dos tópicos discursivos e o seu gerenciamento 111

4.1.2.2 A articulação dos tópicos e subtópicos discursivos 112

4.1.2.3 A referenciação da relação enunciador/enunciatário .116

4.1.2.4 O processamento dêitico e a referenciação da relação Eo/Ea 118

4.1.2.5 A modalização do conteúdo referenciado 120

4.1.3 A construção dos enunciados 122

4.2 Texto 02: Causas de doenças genéticas 125

4.2.1 A construção da situação de interlocução................................127

4.2.1.1 A escolha do meio de circulação do texto.................................127

4.2.1.2 A escolha do gênero/tipo textual... 128

4.2.1.3 O estabelecimento da interlocução....................................... 130

4.2.2 A construção do texto...132

4.2.2.1 A escolha dos tópicos discursivos e o seu gerenciamento 132

4.2.2.2 A articulação dos tópicos e subtópicos discursivos......................... 134

4.2.2.3 A referenciação da relação enunciador/enunciatário...................... 136

4.2.2.4 O processamento dêitico utilizado na referenciação da relação Eo/Ea....... 139

4.2.2.5 A modalização do conteúdo referenciado 142

4.2.3 A construção dos enunciados... 146

4.3 Texto 03: O que é gene e como ele atua 149

4.3.1 A construção da situação de interlocução................................ 150

4.3.1.1 A escolha do meio de circulação do texto..................................151

4.3.1.2 A escolha do gênero/tipo textual..151

4.3.1.3 O estabelecimento da interlocução....................................... 154

4.3.2 A construção do texto.. 154

4.3.2.1 A escolha dos tópicos discursivos e o seu gerenciamento 154

4.3.2.2 A articulação dos tópicos e subtópicos discursivos.........................157

4.3.2.3 A referenciação da relação enunciador/enunciatário...................... 160

4.3.2.4 O processamento dêitico utilizado na referenciação da relação Eo/Ea....... 163

4.3.2.5 A modalização do conteúdo referenciado 165

4.3.3 A construção dos enunciados... 166

4.4 Texto 04: Abordagem dietética para fenilcetonúria 169

4.4.1 A construção da situação de interlocução.................................171

4.4.1.1 A escolha do meio de circulação do texto 172

4.4.1.2 A escolha do gênero/tipo textual..173

4.4.1.3 O estabelecimento da interlocução..175

4.4.2 A construção do texto...175

4.4.2.1 A escolha dos tópicos discursivos e o seu gerenciamento 176

4.4.2.2 A articulação dos tópicos e subtópicos discursivos.........................177

4.4.2.3 A referenciação da relação enunciador/enunciatário...................... 179

4.4.2.4 O processamento dêitico utilizado na referenciação da relação Eo/Ea....... 182

4.4.2.5 A modalização do conteúdo referenciado 183

4.4.3 A construção dos enunciados... 186

4.5 Análise comparativa 188

5

CONSIDERAÇÕES FINAIS.. 197

REFERÊNCIAS.. 201

INTRODUÇÃO

Este livro é o resultado de um estudo motivado pela necessidade de investigação e refutação da comum ideia de que textos científicos são objetivos. Partiu-se da premissa de que, em sendo o texto o espaço de interação, é este, também, o lugar de indiciação do sujeito. Daí o interesse de saber: todo e qualquer tipo de texto apresenta marcas desse sujeito?

Maingueneau (1998, p. 133) diz ser "praticamente impossível um texto que não deixe aflorar a presença do sujeito falante", e Bakhtin (2000, p. 308), que "um enunciado absolutamente neutro é impossível". Então, considerando a afirmação de Maingueneau, que dá margem à existência de algum texto que não deixe aflorar a presença do sujeito falante, perguntamos se há algum gênero textual que não indicie o sujeito (ou a subjetividade), mesmo que para Bakhtin (2000, p. 333) o acontecimento na vida do texto "sempre sucede nas fronteiras de duas consciências, de dois sujeitos". Buscamos, com isso, teóricos que discutem a questão do Sujeito e da Subjetividade na ciência geral e na Linguagem e (re)pensam novas direções para a compreensão dessa questão.

Consideramos que já se sistematizou, a partir de Benveniste e Jakobson, o estudo dos pronomes e dos dêiticos, que, em última análise, descreve a existência dos índices de manifestação do sujeito e da subjetividade linguística em textos diversos, mas vimos que ainda havia o que esclarecer, pois, para alguns estudiosos, "ao lado de textos saturados de marcas da subjetividade enunciativa, há outros em que essa presença tende a se apagar" (Maingueneau, 1998, p. 133) e "essas diferenças parecem estar relacionadas ao gênero a que pertence o texto" (Bronckart, 1999, p. 334). Então foi preciso saber se, nesse contexto, estão, por exemplo, os textos científicos, que, em princípio, buscam a objetivação do conhecimento, por meio da impessoalidade do discurso, do 'apagamento' do sujeito, da ausência de *embreagem* no enunciado. Brandão (1998b), por exemplo, afirma que há discursos em que se constrói uma enunciação que 'mascara' o sujeito (o científico, o esquizofrênico), seja para tornarem-se objetivos os fatos, seja para apagar-se a 'responsabilidade' da enunciação, mas assevera que tal estratégia de mascaramento é certamente uma forma de constituição da subjetividade.

Neste livro, então, há este estudo relacionado à subjetividade e aos mecanismos de textualização que indicam essa subjetividade em textos científicos. Para tanto, adentramos também as questões da modalização, isto é, da forma de se dizer um determinado objeto de discurso e do modo de inscrição tanto do sujeito que fala a respeito desse dado objeto de discurso quanto da própria fala desse sujeito: na segunda parte, mostraremos mecanismos e/ou estratégias utilizados na modalização da relação enunciador/referência/enunciatário, no que diz respeito aos modos de indiciação do sujeito nos enunciados de textos científicos. Isso implica, especificamente, enfocar o processo de modalização linguística, visando a explicitar mecanismos, procedimentos envolvidos na construção da referência científica. Por isso a denominação de **universo linguístico da ciência**.

Trabalha-se, então, com o princípio da modalização percebido sob diversas formas, que, nem sempre, podem ser divisadas por uma análise classificatória dos signos. Todavia, é sabido que, para efeito de análise textual, só se pode referir a expressões pronunciadas/escritas, a elementos significantes que tenham sido textualmente articulados; que se deve trabalhar com um conjunto de signos que caracterizem as modalidades efetivamente produzidas, ditas ou escritas, mesmo que se admita a possibilidade de uma ausência correlativa (o *não dito*) ao que se diz textualmente e se reconheça a existência de modalidades do *não dito* que podem ser demarcadas no campo discursivo.

E, nesse processo de modalização, acionam-se diferentes recursos linguístico-discursivos, tais como (i) a construção da situação de interlocução: a escolha do gênero, tipo e meio de circulação dos textos e o estabelecimento da interlocução; (ii) a construção do texto: escolha, gerenciamento e articulação de tópicos e subtópicos discursivos, a forma de referenciação da relação enunciador/enunciatário e o uso de dêiticos relativos a tal referenciação; (iii) a escolha e elementos modalizadores do discurso e do conteúdo referenciado; (iv) a eleição de determinadas palavras com as quais se possa dizer a ciência.

Daí ter-se escolhido, para análise, textos científicos pertencentes a dois grupos: i) o de textos de divulgação científica (artigo, ensaio, resultado de pesquisa ou descoberta), de revista(s) especializada(s) de alguma área da ciência (Ciências Médicas e Ciências Físicas etc.), e ii) o de textos de livros ou apostilas utilizados na prática educacional (ensino de Física, Biologia ou Matemática, para o nível fundamental e médio). Dito isso, sigamos neste UNIVERSO linguístico-discursivo dos modos de dizer a ciência.

OBJETIVIDADE/SUBJETIVIDADE E O FAZER CIENTÍFICO

Neste capítulo, mostraremos o tratamento dado às questões relacionadas ao binômio sujeito/ciência e ao entendimento que se tem do processo de construção (na e pela linguagem) da(s) realidade(s) científica(s), segundo alguns teóricos da Ciência da Linguagem e de outras ciências. O objetivo é, em literatura especializada, seguir os vestígios de algumas abordagens pertencentes às Filosofias da Ciência e da Linguagem, relacionadas à objetividade/subjetividade do(s) discurso(s), como também estabelecer possíveis relações entre as teorias desenvolvidas e as questões de ordem discursiva que sugerem os critérios sobre os quais a modalização se assenta, sobretudo no âmbito dos mecanismos de textualização envolvidos na construção da inter-relação enunciador/referência/enunciatário no processamento de textos científicos.

Nota-se que concepções similares ou antagônicas se encontram reunidas, em alguns trechos deste texto. Pretende-se, todavia, expô-las, não isoladamente em quadros teóricos categóricos, mas em relações fronteiriças entre os discursos, não só apenas por se querer pontuar a variedade de estudos já dispensados a esta questão, mas por considerar-se, com Foucault (2000), por exemplo, a importância dada às condições: 1) para que apareça um objeto de discurso e da ciência; 2) para que dele se possa 'dizer alguma coisa'; 3) para que várias pessoas (sujeitos do conhecimento) possam dizer coisas diferentes a seu respeito; 4) para que ele se inscreva em um domínio de parentesco com outros objetos; 5) para que possa estabelecer com estes objetos relações de semelhança, de vizinhança, de afastamento, de diferença, de transformação; e, assim, 6) para que tais sujeitos, ao referenciar tais objetos, correferenciem-se subjetivamente, de acordo com seu modo de ver e de dizer as coisas, o que aponta para a questão da modalização de que tratamos aqui.

2.1 Sujeito/subjetividade, texto e ciência

Os estudos relacionados ao sujeito e à subjetividade nos têm mostrado que esta é uma questão um tanto complexa; não se trata da descrição de um conjunto de axiomas incontestáveis e universais. A própria noção de sujeito, quando não contraditória entre aqueles que se ocuparam em defini-lo, é apresentada ora de forma irresoluta, ora de maneira paradoxal. E isso nos lega, também, concepções diferentes a respeito da construção do objeto da ciência. Propõe-se, a partir de então, mostrar essas evidências, na História Geral da Ciência e nos domínios discursivos da Linguística, antecipando-se que, ao palmilhar-se a História da Ciência, percebem-se mudanças relacionadas à noção de sujeito/subjetividade e ao tratamento dado à sua presença/ausência no conhecimento científico, como se poderá notar.

2.1.1 História da construção/desconstrução do sujeito na/pela ciência

Um retrospecto na história da ciência permite dizer que está no passado (na antiguidade clássica) a afirmação de que os princípios fundamentais da ciência, que operava com a exclusão do observador, são universais, objetivos e formulados a partir de métodos de experimentação, à base, apenas, da observação do cientista, sem nenhum tipo de envolvimento subjetivo. A ideia de "leis da natureza" constituía, naquela época, o conceito 'mais original' da ciência. Dizia-se que a ciência começa pela observação, e a ideia de sujeito perturba o conhecimento; o mundo da cientificidade é o do objeto. Cajal (1979), por exemplo, assevera, em outras palavras, que as principais fontes de conhecimento seriam a observação, a experimentação e o raciocínio indutivo e dedutivo.

No século XIX, um resultado da percepção e (re)construção do mundo pelos sujeitos discursivos se caracteriza com a aceitação da existência de um "éter" (Mesquita Filho, 2000) imponderável a preencher o espaço vazio. No século XX, com as incontáveis tentativas de superar as dificuldades epistemológicas, consente-se que as manifestações científicas constroem certezas temporárias e podem ser vistas por uma ótica multidimensional e mutável, para a qual respostas genéricas se mostram insuficientes.

Nos últimos tempos, principalmente nas duas últimas décadas, o estudo social das ciências tem assinalado que revoluções científicas não se explicam apenas pelo surgimento de uma teoria melhor, valendo-se para isso unicamente de critérios científicos: o que faz com que uma comunidade escolha uma teoria como a mais apropriada parece ir além da verificação empírica e da exigência da objetividade teórica.

Para Schnitman (1996, p.14), por exemplo,

> Na contemporaneidade há uma convergência entre ciência, cultura e terapia, graças à restituição do sujeito à ciência e à restituição da ciência aos sujeitos. Essa convergência não toma o sujeito em relação com a perspectiva metafísica tradicional nem com as perspectivas psicológicas essencialistas (definição que o aproxima à afetividade ou à consciência), e sim busca uma perspectiva processual que localiza a noção do sujeito numa bio-lógica psicossocial.

Tem-se admitido, como se percebe, que os grupos de fatos estudados e subjetivamente enunciados, os focos de atenção dos cientistas, as organizações do conhecimento e as interpretações do mundo são congruentes com o que se chama de ciência. Neste sentido, a ciência também é resultado de processos *construídos por* e *construtores de* outros processos sociais. Schnitman (1996), por exemplo, afirma que "a partir da Ciência, Prigogine e Stengers (1979, 1988)[1] propõem que o desenvolvimento do diálogo com a natureza constrói a ciência e a própria natureza".

Kuhn (2001) evidencia que esse diálogo constrói paradigmas científicos a partir dos quais a "ciência normal" se faz. Cada paradigma é uma promessa de sucesso do cientista que o formulou, e, numa espécie de competição, o(s) cientista(s) e seu(s) paradigma(s) adquire(m) status porque é(são) mais bem-sucedido(s) que o(s) outro(s) competidor(es) na solução de problemas reconhecidos como graves.

> De início, o sucesso de um paradigma — seja a análise aristotélica do movimento, os cálculos ptolomaicos das posições planetárias, o emprego da balança por Lavoisier ou a matematização do campo eletromagnético por Maxwell — é, em grande parte, uma promessa de sucesso que pode ser descoberta em exemplos selecionados e ainda

---

[1] Referência a: PRIGOGINE, Ilya; STENGERS, Isabelle. *La Nouvelle Alliance: Métamorphose de la Science*. Paris: Editions Gallimard, 1979; e PRIGOGINE, Ilya, STENGERES, *Isabelle. Entre le temps et l'éternité*. Paris: Librairie Arteme Fayard, 1988.

> incompletos. A ciência normal consiste na atualização dessa promessa, atualização que se obtém ampliando-se o conhecimento daqueles fatos que o paradigma apresenta como particularmente relevantes, aumentando-se a correlação entre esses fatos e as predições do paradigma e articulando-se ainda mais o próprio paradigma. (Kuhn, 2001, p. 44).

Para esse autor, a maior parte dos cientistas se ocupa com operações a que ele chama de "ciência normal". Tais atividades consistem no que parece ser a tentativa de "forçar a natureza a encaixar-se dentro dos limites preestabelecidos e relativamente inflexíveis, fornecidos pelo paradigma" (Kuhn, 2001, p. 44-45).

Na teoria das revoluções científicas de Kuhn, além das outras questões, faz-se crer que os paradigmas, por servirem de veículo para a teoria científica, dão forma à vida científica. Eles informam ao cientista que entidades a Natureza contém ou não contém, bem como as maneiras segundo as quais essas entidades se comportam. E, por ser a Natureza complexa e variada para ser explorada ao acaso, tais informações funcionam como uma espécie de mapa essencial para o desenvolvimento contínuo da ciência. Nesse sentido, os paradigmas são constitutivos da atividade científica e da própria ciência.

Todavia, paradigmas mudam — não por serem corrigidos, mas por serem articulados a outros — e, ao se fazerem tais mudanças, as ciências adotam modernos instrumentos e orientam seu olhar a novas direções. Isso permite ao cientista (leia-se: sujeito do conhecimento) ver coisas atualizadas e diferentes quando olham para os mesmos pontos já examinados anteriormente. Crê-se, então, que o olhar (re)cria objetos, já que a mudança de paradigma provoca alterações perceptivas, e estas, além de acompanharem tal mudança, realizam-na, o que determina o dinamismo da ciência e as revoluções científicas. Daí poder-se notar, como afirma Kuhn (2001, p. 142), que

> [...] alguns historiadores tenham argumentado que a história da ciência registra um crescimento constante da maturidade e do refinamento da concepção que o homem possui a respeito da natureza da ciência.

Essa nova concepção "refinada" engendra o que mostrou Cassirer (1960[2] *apud* Santos 2001, p. 324): "uma transição paradigmática implica sempre uma nova psicologia e uma nova epistemologia". É necessário que

---

[2] Referência a: CASSIRER, Ernst. The Philosophy of the Enlightenment, Boston: Beacon Press, 1960.

o novo conhecimento seja reconhecido pela consciência que o experimenta. Isso coloca em evidência que a subjetividade que constrói o conhecimento, por sua vez, é por este construída. Nas palavras de Santos (2001, p. 333),

> Não basta criar um novo conhecimento, é preciso que alguém se reconheça nele. De nada valerá inventar alternativas de realização pessoal e coletiva, se elas não são apropriáveis por aqueles a quem se destinam. Se o novo paradigma epistemológico aspira a um conhecimento complexo, permeável a outros conhecimentos, local e articulável em rede com outros conhecimentos locais, a subjetividade que lhe faz jus deve ter características similares ou compatíveis.

Após a percepção moderna de que o ato de conhecer e o produto do conhecimento são inseparáveis, fez-se regressar o sujeito na veste do objeto; afirmou-se que o objeto é a continuação do sujeito por outros meios; creu-se que todo conhecimento científico é na realidade autoconhecimento. Santos (2002, p. 52) afirma que

> A ciência não descobre, cria, e o acto criativo protagonizado por cada cientista e pela comunidade científica no seu conjunto tem de se conhecer intimamente antes que conheça o que com ele se conhece do real. Os pressupostos metafísicos, os sistemas de crenças, os juízos de valor não estão antes nem depois da explicação científica da natureza ou da sociedade. São parte integrante dessa mesma explicação. A ciência moderna não é a única explicação possível da realidade e não há sequer qualquer razão científica para a considerar melhor que as explicações alternativas da metafísica, da astrologia, da religião, da arte ou da poesia[,]

embora este processo de reconhecimento tenha sido lento. Importa, todavia, que os protagonistas da *Revolução Científica* de Kuhn, corroborada por Santos, compreenderam que a prova íntima das suas convicções pessoais precedia e dava coerência às provas externas que desenvolviam. Sabe-se que as trajetórias de vida pessoais e coletivas da comunidade científica e os valores, crenças e prejuízos que transportam "são a prova íntima do nosso conhecimento, sem o qual as nossas investigações laboratoriais ou de arquivo [...] constituiriam um emaranhado de diligências absurdas sem fio nem pavio" (Santos, 2002, p. 53). Esse saber ocasionou — e foi também consequência de — uma forma de conhecimento compreensivo, inclusivo e íntimo que, em vez de separar, uniu o sujeito ao conhecimento e ao conhecimento do conhecimento, ou seja, tanto o ato de conhecer quanto o de ter consciência que conhece compreende o sujeito que conhece, mesmo que, para Santos (2002, p. 53), este saber corra "subterraneamente, clandestinamente, nos não-ditos dos nossos trabalhos científicos".

Verifica-se, portanto, que as teses convergem para a defesa de que o discurso, a comunicação, as práticas sociais, os paradigmas, a linguagem são uma construção ativa por meio da qual se constroem sujeitos e ciência. "Tão rápido um descobrimento é comunicado através da linguagem, também ele está conformado pela linguagem" (Schnitman, 1996, p. 12). Ciência e sujeitos interpenetram-se com a vida e operam, ativamente, a construção social sobre o que será seu objeto de conhecimento. E, neste processo, observa-se, simultaneamente, a emergência e construção dos sujeitos construtores do saber científico.

2.1.2 Noção científica de sujeito e subjetividade

O tratamento dado ao sujeito na História da Ciência assume, como já se disse, direção controvertida, paradoxal: é, ao mesmo tempo, manifesto e não manifesto. Embora, por um lado, seja uma manifestação óbvia, já que em todas as línguas haveria uma primeira pessoa, por outro, a evidência dessa manifestação é matéria de reflexão, como insinuou Descartes (*apud* Morin, 1996, p. 45): "se duvido, não posso duvidar de que duvido, portanto penso, ou seja, sou eu quem pensa. É nesse nível que aparece o sujeito".

Morin (1996, p. 45) considera que

> Em muitas filosofias e metafísicas, o sujeito confunde-se com a alma, com a parte divina ou, pelo menos, com o que em nós é superior, já que nele se fixam o juízo, a liberdade, a vontade moral, etc. Não obstante, se o considerarmos a partir de outro lado, por exemplo, pela ciência, só observaremos determinismos físicos, biológicos, sociológicos ou culturais, e nessa ótica o sujeito dissolve-se.

E continua:

> No seio de nossa cultura ocidental, desde o século XVII, vivemos uma estranha disjunção esquizofrênica: na vida cotidiana, sentimo-nos sujeitos e vemos aos outros como sujeitos. Dizermos, por exemplo: "é um bom homem, é uma excelente pessoa", ou "é um sem-vergonha, um canalha", porque, efetivamente, em sua subjetividade se encontram

esses traços. Mas se examinarmos essas pessoas e nós mesmos pelo ponto de vista do determinismo, o sujeito novamente se dissolve, desaparece.

Essa disjunção seria efeito de um paradigma cultural de que Descartes falou, em que se indica a existência de dois mundos: (i) o dos objetos, o científico; (ii) e o dos sujeitos, o filosófico, o reflexivo. Isso ocasionou que, na ciência clássica, a noção de sujeito não se sustentasse. Todavia, fora do campo científico, o princípio da reflexão fundamentava-se exatamente no *cogito*[3] cartesiano. Para todos os fins, diz-se, então, que a ciência existia unida à concepção de objetividade, e a subjetividade se relacionava à Literatura e à Filosofia.

Todas as questões anteriores são evidentes em estudos relacionados à subjetividade/objetividade científica, embora não se tenha efetivamente construído uma noção do que seja o sujeito. Com o propósito de defini-lo, Morin (1996) desenvolveu, indutivamente, relacionadas a esta ideia, algumas noções que serão caminho para um conceito 'científico' de sujeito.

Inicialmente, ele apresenta a seguinte proposição:

> Creio na possibilidade de fundamentar científica, e não metafisicamente, a noção de sujeito e de propor uma definição que chamo "biológica", mas não nos sentidos das disciplinas biológicas atuais. Eu diria biológica, que corresponde à lógica própria do ser vivo. Por que podemos iniciar e conceber agora a noção de sujeito de maneira científica? Em primeiro lugar, porque é possível conceber a autonomia, o que era impossível numa visão mecanicista e determinista. (Morin, 1996, p. 46).

Na perspectiva *BIOLÓGICA* exposta nas linhas anteriores, paradoxalmente, a autonomia do sujeito, de que fala Morin, está ligada a uma dependência, a qual se relaciona ao que se chamou de sistema de auto-organização[4], ou seja, um sistema auto-organizador que trabalha para construir a sua autonomia e, para tanto, extrai energia exterior a si

---

[3] Trata-se do célebre pensamento de Descartes: *cogito ergo sum.*

[4] Esta é uma referência ao sistema de auto-organização, designado por Jantsch (1980 *apud* Santos, 2002) como parte de um movimento de vocação transdisciplinar, pujante, sobretudo a partir da década de 70, que atravessava as várias ciências da natureza e sociais. Santos afirma que, "na biologia, onde as interações entre fenômenos e formas de auto-organização em totalidades não mecânicas são mais visíveis, mas também nas demais ciências, a noção de lei tem vindo a ser parcial e sucessivamente substituída pelas noções de sistema, de estrutura, de modelo e, por último, pela noção de processo" (Santos, 2002, p. 31). A referência a Jantsch nesta nota diz respeito a: JANTSCH, Erich. *The Self-Organizing Universe: Scientific and Human Implications of the Emerging Paradigm of Evolution.* Oxford, Pergamon, 1980.

próprio. Isso implica dizer que a autonomia depende do mundo externo, energética e informativamente (o homem, por exemplo, tem, inscrita no organismo, a organização cronológica da Terra: um relógio interno que comanda a alternância noite/dia; por outro lado é regido por um calendário instituído em função da lua e do sol, de maneira a organizar-lhe a própria vida). Assim, Morin propõe, inicialmente, a noção de "auto-eco--organização" para que se compreenda a de sujeito.

Uma segunda noção desenvolvida é a de *indivíduo*. Paradoxalmente, o *indivíduo*, seja ele vegetal, seja animal, é produto e produtor de uma espécie; e, no caso humano, de uma sociedade. Nessa acepção,

> [...] a sociedade é, sem dúvida, produto de interações entre indivíduos. Essas interações, por sua vez, criam uma organização que tem qualidades próprias, em particular a linguagem e a cultura. E essas mesmas qualidades retroatuam sobre os indivíduos desde que vêm ao mundo, dando-lhes linguagem, cultura, etc. isso significa que os indivíduos produzem a sociedade, que produz os indivíduos. (Morin, 1996, p. 48).

Com essa concepção paradoxal, compreende-se a autonomia, complexa e relativa, do indivíduo: (i) por uma determinada ótica, o indivíduo--sujeito é tudo, pois, sem ele, não há espécie, não há sociedade; (ii) por outro lado, a sua existência é incerta, é apenas efeito.

Chega-se, assim, a uma noção de sujeito como "indivíduo-sujeito". Essa compreensão supõe a "autonomia-dependência" do indivíduo, embora o sujeito não se restrinja a isso; haveria um "algo mais". Para Morin (1996), a proposta de entendimento do "algo mais" de que se compõe o sujeito passa pela compreensão biológica do que seja o funcionamento do DNA e RNA do ser vivo. A "auto-eco-organização". O processo que controla o comportamento de uma bactéria, por exemplo. É esse o processo que permite a reorganização, a reparação, a ação subjetiva. Ele sugere que uma "organização vivente" possui um computador (que controla) e uma máquina (à qual o computador está conectado) num só corpo, isto é, tem-se "um ser máquina que é ser computante". Um ser computante é "um ser que se ocupa de signos, de índices, de dados: algo a que podemos chamar de 'informação', [...]. Através dos signos, índices e dados trata com seu mundo interno, assim como com o exterior" (Morin, 1996, p. 48-49).

O que diferencia a 'computação' do vivente à da máquina é, sobretudo, o fato de que aquele se faz, ele mesmo, para si mesmo.

> [...] é o *für sich* de que falava Heigel. Isto é, o *computo*.
> O cogito cartesiano aparece muito mais tarde; para o
> *cogito*, requer-se um cérebro muito desenvolvido, uma
> linguagem, uma cultura. Do *computo* podemos dizer que
> é necessário para a existência do ser e do sujeito. A
> bactéria poderia dizer *"computo ergo sum"* [...] porque
> se deixa de computar morre. [...] Significa: **coloco-me
> no centro do meu mundo, do mundo que conheço,
> para tratá-lo, para considerá-lo, para realizar todas
> as ações de salvaguarda, de proteção, de defesa, etc.**
> (Morin, 1996, p. 49, grifo nosso).

Deduz-se dessa assertiva que essa noção de sujeito se desenvolve, portanto, atrelada a um *computo* e um a egocentrismo. Tanto a finalidade do sujeito consiste no ato '*computo ergo sum*' como também, neste mesmo ato, o sujeito constitui a sua identidade. Para Morin (1996), é este princípio de identidade que ocasiona a autorreferência:

> Posso tratar-me a mim mesmo, referir-me a mim mesmo,
> porque necessito um mínimo de objetivação de mim mesmo,
> uma vez que permaneço como eu-sujeito. Só que, assim
> como a auto-organização é de fato auto-eco-organização,
> de igual modo, a auto-referência é a auto-exo-referência,
> ou seja, para referir-se a si mesmo, é preciso referir-se ao
> mundo externo. (Morin, 1996, p. 49).

E, nesse processo de "auto-exo-referência", constitui-se a identidade subjetiva e se opera a diferença entre "si/não si, mim/não mim, entre o eu e os outros eus". Um exemplo citado por Morin, relacionado à identidade subjetiva no processo de "auto-exo-referência" em que se distingue o "si" e o "não si", verifica-se nos estudos biológicos dos organismos: a imunologia, por exemplo. O sistema imunológico se livra das agressões externas em função de reconhecer o que é o si mesmo mediante um reconhecimento da identidade molecular própria do organismo: tudo o que pertencer à identidade é aceito; o que não o for é rechaçado.

Com essa "noção elementar", Morin diz ainda não estar plenamente definida a concepção de sujeito para os humanos, embora tudo o que se tenha dito concirna também a estes. Tencionando 'alcançar' mais plenamente o homem (leia-se sujeito humano), faz referência a dois outros atributos que diz estarem relacionados, o primeiro, a todos os organismos (o unicelular, o vegetal, o animal e o humano); e o segundo, à subjetividade humana.

O primeiro diz respeito aos princípios de inclusão (que faz com que integremos à nossa subjetividade outros diferentes de nós, a exemplo, na nossa família, no nosso estado, no nosso país), de exclusão (o que permite que qualquer um diga "eu", mas que ninguém o faça por mim, ou seja, "eu é a coisa mais corrente, mas ao mesmo tempo é uma coisa absolutamente única") e de intercomunicação com o semelhante (este, de algum modo, deriva do princípio de inclusão, da inter-relação entre os seres).

O segundo atributo está ligado à linguagem e à cultura, por isso próprio do sujeito humano. Esse é o espaço em que

> O indivíduo-sujeito pode tomar consciência de si mesmo através do instrumento de objetivação que é a linguagem. Vemos aparecer a consciência de ser consciente e a consciência de si em forma claramente inseparável da auto-referência e da reflexibilidade. É na consciência que nos objetivamos nós mesmos para ressubjetivarmos num anel recursivo incessante. Ultrapassamos o trabalho da bactéria, em sua objetivação e subjetivação. (Morin, 1996, p. 53).

Esse aspecto supracitado está relacionado ao *cogito* cartesiano. Mas a percepção do *cogito* só poderia aparecer em função da 'bio-lógica' prévia constituída no *computo* do sujeito. Morin afirma ser errônea a redução da subjetividade à afetividade ou à consciência. Ele acredita que a operação '*cogito ergo sum*' cartesiana insere um ato subjetivo de 'pensar que pensa', isto é, "eu penso" é uma asserção que quer dizer "eu penso que eu penso".

> Nesse "eu penso que eu penso", o eu se objetiva em um mim mesmo implícito, "eu me penso", "eu me penso a mim mesmo pensando". Por isso, Descartes fez, inconscientemente, a operação de computação elementar: "eu sou eu mesmo". Dito de outra maneira, fazendo a operação "eu sou eu mesmo", descobre que este eu mesmo pensante é o sujeito. (Morin, 1996, p. 53-54).

Nesses termos, fundamenta-se que o *cogito* necessita de um *computo*. Aquele não existiria sem este. Nossa consciência de sujeito depende diretamente da existência de um "computo fundamental que os milhões de células de nosso cérebro fazem emergir, sem cessar, de suas interações organizadas e criadoras". Todavia, a evidência ou percepção dessa consciência é o que nos coloca diante do *cogito* de que a bactéria não tem noção, pois, pelo menos por enquanto, acredita-se que, no sentido humano, a consciência demanda a existência concomitante de um cérebro desenvolvido em uma linguagem, em uma cultura. Este é o atributo pelo qual o homem toma, em relação ao mundo (e, posteriormente, em relação aos chamados estados interiores, subjetivos), aquela distância em que se cria a possibilidade de níveis mais altos de integração.

2.1.2.1 O sujeito e o ser

O que, para Morin (1996), pareceu resolver a questão do sujeito estabeleceu uma complexidade que ele não resolveu (se é que se resolva). A esta complexidade ele chamou de 'tragédia do sujeito' e a relacionou a dois "princípios de incerteza". Primeiro,

> [...] o eu não é nem o primeiro, nem puro. O computo não existe fora de todas as operações físico-químico-biológicas que constituem a auto-eco-organização da bactéria. O computo não chegou do céu até a bactéria, nem veio um engenheiro para instalar-lhe. Todas as dimensões do ser são; o computo é necessário para a existência da bactéria, a qual é necessária para a existência do computo. Dito de outra maneira, o computo surge de algo que não é computante, assim como a vida, enquanto vida, surge de algo que não é vivente, mas físico-químico. Mas num momento determinado, a organização físico-química adquire caracteres propriamente viventes e, adquirindo esses caracteres, obtém a possibilidade da computação na primeira pessoa. Isto significa também que, quando falo, ao mesmo tempo que eu, falamos "nós"; nós, a comunidade cálida da qual somos parte. Mas não há somente o "nós"; no "eu falo" também está o "se fala". Fala-se, algo anônimo, algo que é a coletividade fria. Em cada "eu" humano há algo do "nós" e do "se". (Morin, 1996, p. 54).

Quer-se fazer crer que o 'eu' não é a origem, não é plenamente puro, não está só, nem é único; e que o "eu" não falaria sem a existência do "si".

O segundo princípio estabelece um paradoxo: o sujeito oscilante entre o tudo e o nada. Para si mesmo, ele é o centro do mundo, é tudo; porém, objetivamente, ele é efêmero, minúsculo no universo: um nada. Por um lado, o sujeito concede a si mesmo a consciência de 'ser' (único) e, num dado momento, é capaz de sacrificar essa consciência, em função de uma "subjetividade mais rica", de "algo que transcenda a subjetividade e a que poderíamos chamar de verdade, crença na verdade" (Morin, 1996, p. 55).

O primeiro princípio vai ao encontro da afirmação feita por Chaui (1976 *apud* Brandão, 1998b) de que o pensamento contemporâneo, quanto à questão do sujeito e da subjetividade, se opõe à concepção apresentada por filósofos clássicos. A assertiva é a de que

> Os filósofos sempre exigiram um ponto fixo como condição inicial do pensamento, ponto fixo capaz de dar conta da existência das coisas, dos homens e da totalidade do conhecimento de ambos. Para o filósofo grego este ponto fixo é o Ser, princípio da existência e da inteligibilidade do real. O conhecimento aparece como um desenvolvimento do Ser na sua inteligibilidade, de sorte que o ato de conhecer é um re-conhecer (ou lembrar, como diz Platão) o sentido já inscrito nas próprias coisas por essa força produtora originária que é o Ser. (Chaui, 1976 *apud* Brandão 1998b, p. 33-34).

Duas diferenças podem ser construídas das evidências *supra*. Primeiro, observa-se que, para Morin, um dos princípios da subjetividade, o *computo*, "não chegou do céu", "surge de algo que não é computante, assim como a vida, enquanto vida, surge de algo que não é vivente, mas físico-químico"; já para os filósofos, há um "ponto fixo" responsável pela existência, ou seja, há um princípio para além do surgimento do *computo* e anterior a este.

Um outro dado divergente se faz na relação com o *cogito*: se para Morin o *computo* não existe fora das operações físico-químico-biológicas e o *cogito* depende do computo para existir, a consciência não existe sem o *computo*, e isso anularia a existência do *Ser* 'ponto fixo'. Para os filósofos, todavia, o *cogito* seria um deslocamento do ponto fixo do *Ser* — fora do homem — para o seu (do homem) interior, para a sua consciência[5]. E a verdade a que Morin se refere no segundo princípio de incerteza, já mencionado, estaria relacionada a esta instância interior de percepção, que é a consciência: o *Ser* (dos filósofos) que se é captado pelo ato de pensar. Nas palavras de Brandão (1998b, p. 34), "A verdade não é simplesmente reconhecida, mas produzida pelo homem nesse processo de percepção de si próprio". Assim, o *cogito ergo sum* seria a primeira verdade, acessada em primeira instância pelo sujeito e o início de todas as outras evidências produzidas por este *cogito*.

---

[5] Para Chaui (1976 *apud* Brandão, 1998b, p. 34), a consciência é uma capacidade, ou melhor, um poder de síntese, uma atividade que reconhece ou que produz, a partir de si mesma, o sentido do real, pela produção de ideias ou conceitos dos objetos e dos estados interiores; estas atividades epistemológicas e esse poder definem aquilo que a Filosofia denomina *Sujeito*.

Torna-se evidente que a subjetividade, nesta última concepção, implica a (trans)formação no conhecimento da realidade: o real é uma apreensão da consciência e a realidade é construída com as capacidades de pensar e perceber, próprias do homem. E o *computo* (de que não fala Chaui) é a máquina organicamente funcional por meio da qual a consciência percebe o real, evidencia esta percepção e constrói a própria realidade.

Mas a noção de sujeito, além de paradoxal, é irresoluta. Essa questão, sobretudo no que concerne à concepção filosófica da relação sujeito/mundo, ou sujeito/conhecimento/mundo, é também motivo de ocupação de filósofos modernos. A respeito disso, Cassirer (2001) afirma que o *Ser* é o ponto de partida para/da especulação filosófica, e, quando o conceito de *Ser*, em oposição à multiplicidade e à diversidade das coisas, se constitui, a consciência se desperta para a unidade e passa a considerar a existência do mundo. Em outras palavras, a existência do mundo é diretamente proporcional à percepção que o sujeito faz de si mesmo.

O desafio, segundo esse autor, é determinar o começo e a origem, "os fundamentos últimos do ser". Ele acredita que Platão, com a ideia de "ideia", fez surgir, pela primeira vez, este princípio como tal e o seu significado. Afirma ainda: o que diferencia o princípio platônico das especulações dos pré-socráticos é o fato de que, para estes, o Ser era compreendido como "entidade individual" e constituía o ponto de partida definido, enquanto Platão identificou o Ser como um problema, uma vez que ele (Platão), em vez de se preocupar com a organização, constituição e estrutura do *Ser*, ocupa-se com a questão do seu conceito e do significado desse conceito.

Nesse sentido,

> Somente quando o ser vem a ter o sentido rigorosamente definido de um problema, o pensamento vem a ter o sentido e o valor rigorosamente definidos de um princípio. Ele não mais acompanha apenas o ser, e já não constitui uma simples reflexão "sobre" o ser: pelo contrário, é a sua própria forma interna que determina a forma interna do ser. (Cassirer, 2001, p. 12).

É, portanto, nessa busca de princípios e de resolução de problemas que o sujeito vai se construindo e construindo os conhecimentos. Isso implica perceber que o conhecimento, por mais universal que seja, "representa apenas um tipo particular de configuração na totalidade das apreensões e interpretações espirituais do ser" (Cassirer, 2001, p. 18).

2.1.3 Sujeito e construção do objeto científico

É preciso começar esta parte com uma observação: ao se tratar da ciência, é preciso aceitar a premissa de que nenhum objeto científico mora no limbo à espera da "ordem que vai liberá-lo e permitir-lhe que se encarne em uma visível e loquaz objetividade; ele não preexiste a si mesmo, retido por algum obstáculo aos primeiros contornos da luz, mas existe sob as condições positivas de um feixe de relações" (Foucault, 2000, p. 51)[6]. Essas condições, por serem históricas, colocam em evidência a existência de sujeitos e abrem o(s) espaço(s) articulado(s) das realidades discursivas.

Para Foucault (2000, p. 52-53),

> As relações discursivas, como se vê, não são internas ao discurso: não ligam entre si os conceitos ou as palavras; não estabelecem entre as frases ou as proposições uma arquitetura dedutiva ou retórica. Mas não são, entretanto, relações exteriores ao discurso, que o limitariam ou lhe imporiam certas formas, ou o forçariam, em certas circunstâncias, a enunciar certas coisas. Elas estão, de alguma maneira, no limite do discurso: oferecem-lhe objetos de que ele pode falar, ou, antes (pois essa imagem da oferta supõe que os objetos sejam formados de um lado e o discurso do outro), determinam o feixe de relações que o discurso deve efetuar para poder falar de tais ou quais objetos, para poder abordá-los, nomeá-los, analisá-los, classificá-los, explicá-los, etc. Essas relações caracterizam não a língua que o discurso utiliza, não as circunstâncias em que ele se desenvolve, mas o próprio discurso enquanto prática.

Nessa perspectiva, evidencia-se que a ciência, por se processar nas relações de discurso, é histórica, renova-se e está marcada por descobertas, críticas, erros, correções. E, por ser uma prática discursiva, deve ser vista como um *continuum* de formação que, num dado momento, a) define-se e permanece em profusão; b) enuncia, por meio daquelas relações (as discursivas), os objetos discursivos, os domínios que estes objetos formam e (em que) se formam; c) estabelece a relação entre os espaços em que tais

---

[6] Tratar-se-á, separadamente, neste texto, dos estudos feitos por Foucault, a partir da página 51. Não obstante, já se lhe requer referências nesta primeira parte, dado ao extenso fôlego do seu trabalho e à sua evidente contribuição às ciências, no que concerne à questão do sujeito.

objetos podem aparecer e ser delimitados, analisados e especificados. E há critérios para se analisar (modelos a que chamamos paradigmas) e formas de se enunciar essa prática, que determinam as questões de ordem discursiva com que trabalharemos.

Este contínuo possui duas características: a) é determinador de formas de compreensão e participação a sujeitos cognitivos, que, além de construir metáforas e parâmetros, eixos teóricos e aptidões específicos de cada época, (re)significam os mundos e os discursos que os sustentam; b) pode ser compreendido e sistematizado historicamente, de acordo com o olhar que se fez, em cada época, pelos sujeitos construtores dos conhecimentos científicos; o que evidencia a sua sujeição a mudanças.

Nota-se que nem sempre é fácil identificar as mudanças ocorridas nas ciências ou verificar o que causa uma mudança específica. Da mesma feita, não é menos difícil notar o que possibilita uma ou outra descoberta ou como surge um ou outro conceito, já que nem sempre há um princípio metodológico sobre o qual se apoiam determinadas análises. Em outras palavras, pode ser impreciso afirmar com exatidão como se realizam os acontecimentos da ciência, todavia não há como negar a participação de sujeitos cognitivos na verificação e sistematização de tais acontecimentos.

No entanto, há uma pergunta inevitável nesse construto do referente da ciência, que passa pela necessidade de saber se o que determina ou origina a mudança é a natureza, a ciência ou o sujeito; se é a natureza que muda a ciência ou se esta é que muda a natureza, ou, ainda, se é o sujeito que muda a ciência e a natureza ou se estas o mudam [...]. E não parece haver uma resposta definitiva nas literaturas existentes: não seria esta a prioridade de resposta dos estudiosos, i) ou porque, nas palavras de Santos (2002, p. 15), realmente, "o mundo é complicado e a mente humana não o pode compreender completamente", e toda significação, epistemológica, paradigmática, pré-paradigmática passa a ser sempre parcial, histórica e provisória; ii) ou porque o referente científico será sempre uma partícula da natureza observada pelo sujeito do conhecimento, e conhecer será sempre "dividir e classificar para depois poder determinar relações sistemáticas entre o que se separou" (Santos, 2002, p. 15). E, como essa atividade demanda tempo, a sua realização, o seu fim provisório, pode a) não mais satisfazer à mesma demanda epistemológica inicial e b) inspirar o surgimento de uma segunda condição teórica da crise do paradigma dominante, porquanto tenham mudado o homem, a ciência e a natureza.

Eis, em evidência, o dinamismo do referente científico. Heisenberg e Bohr (*apud* Santos, 2002, p. 25) demonstraram que "não é possível observar ou medir um objeto sem interferir nele, sem o alterar, e a tal ponto que o objeto que sai de um processo de medição não é o mesmo que lá entrou". Isso corrobora a ideia de que não (re)conhecemos o real (ou do real) senão pelo que nele introduzimos, isto é, não conhecemos do referente construído senão a nossa intervenção.

Para finalizar,

> Este princípio, e, portanto, a demonstração da interferência estrutural do sujeito no objecto observado, tem implicações de vulto. Por um lado, sendo estruturalmente limitado o rigor do nosso conhecimento, **só podemos aspirar a resultados aproximados** e por isso as leis da física são tão-só probabilísticas. Por outro lado, a hipótese do determinismo mecanicista é inviabilizada uma vez que a totalidade do real não se reduz à soma das partes em que a dividimos para observar e medir. Por último, a distinção sujeito/objecto é muito mais complexa do que à primeira vista pode parecer. A distinção perde os seus contornos dicotómicos e assume a forma de um continuum. (Santos, 2002, p. 26, grifo nosso).

Está-se, novamente, diante do *continuum* referenciado por Foucault (2000) e que corrobora o parecer de que a ciência contemporânea convive com o desejo de complementação do conhecimento das coisas com o conhecimento do conhecimento das coisas, isto é, conhecer o referente científico implica conhecer quem o referencia: o sujeito do conhecimento. E isso envolve analisar as condições sociais, os contextos culturais e os modelos organizacionais da prática de investigação científica — o que, por sua vez, requer, do sujeito do conhecimento, competência e interesse filosóficos para problematizar a sua própria prática científica.

Todas essas questões determinam o modo de dizer a ciência e apontam para a modalização de instâncias científicas em que se constroem enunciadores/enunciatários/referentes e sujeitos que constroem textos/discursos.

2.1.4 Sujeito e construção da referência científica: o texto

Há autores que asseveram ser ultrapassada a concepção iluminista da ciência como uma atividade desvinculada do Estado, da sociedade e do capital, voltada sobre si mesma e exercida por homens nobres que buscam romper com o mundo das trevas, da ignorância e do senso comum.

Por outro lado, tem-se questionado a atividade científica (sujeita às políticas de desenvolvimento do Estado, às necessidades da sociedade e aos interesses das agências de fomento e das empresas que mantêm seus próprios laboratórios), se entendida como meio de produção que origina, organiza, estoca e distribui certo tipo de informações, porque, neste sentido, ela passa a perder o valor de ação humanística e especulativa, voltada para o progresso da humanidade, e adquire uma função operacional, que pode ser formatada, traduzida, em "bits" de informação e dar origem a produtos como referências, resumos, índices, teses, bancos de dados. E, ao mesmo tempo, segundo Cruz (1996), passa a ser, também, uma "tecnologia intelectual" com regras de produção: como escrever, como redigir, como citar, como estruturar o texto científico, como escolher um tema de pesquisa etc.

Assim, a atividade textual desse mundo torna-se uma prática submetida a estratégias específicas e formatadas para o tipo de mercado que se pretende atingir e, diga-se, também, para o tipo de enunciatário em dada condição de produção. E o discurso científico, nesse caso, apresenta especificidades de estrutura, de objetivos, de controle: são as "condições de consistência interna e verificação experimental", segundo Lyotard[7] (1990 *apud* Cruz, 1996).

Tais condições, também submetidas às mesmas regras gerais para sua aceitação e reconhecimento científico, visam a uma objetividade do conhecimento que possa ser sistematizado por meio de textos técnicos e a uma espécie de operatividade mercadológica[8]. Isso pode conduzir à concepção de que o conhecimento científico não possui mais um valor intrínseco, mas adquire uma importância de troca, legitima-se pelo desem-

---

[7] Referência a: LYOTARD, Jean-François. *O pós-moderno*. Tradução de Ricardo Correia Barbosa. 3. ed. Rio de Janeiro: José Olympio, 1990.

[8] Exemplo de operatividade são projetos de pesquisa que consistem em um discurso científico sobre parte da realidade e da intenção de estudá-la ou modificá-la objetivamente. Neste caso, além da possibilidade de confirmar ou negar uma verdade preexistente, o cientista precisa ser capaz de aperfeiçoar, objetivar as performances do sistema, já que os projetos que atendem a estes propósitos têm mais probabilidade de serem selecionados pelas agências de fomento do que os demais.

penho e, sobretudo, estrutura-se objetivamente. A cientificidade, à forma do Positivismo Lógico[9], seria fruto da anulação, dentro da atividade de pesquisa, de todos os valores e sentimentos humanos, do detrimento do sujeito e supremacia do objeto e da razão científica.

A atividade científica torna-se, então, forma de produção como qualquer outra: possui um mercado específico com suas próprias leis e necessidades, forma profissionais com determinadas características e precisa, necessariamente, legitimar-se numa ordem de discurso(s)[10]. Essas leis garantiriam a permanência e a própria existência da objetividade científica.

Mas a crítica do conhecimento e a abordagem sociológica da ciência se situam intimamente em oposição à visão do positivismo lógico e evidenciam que, por ser uma atividade, e não um simples corpo de saber, é escusado considerar a ciência como outra coisa que não seja, por excelência, uma atividade humana. É como se todas as relações intelectuais e ideais somente pudessem ser apreendidas pela consciência linguística, neste exercício de representar (aponta-se para a modalização) o mundo das percepções (aponta-se para a subjetividade). E, neste caso,

> Se considerarmos um pouco mais profundamente a linguagem ordinária, para Habermas[11] mediadora da convivência humana, cuja existência se assegura em sistemas de trabalho e de auto-afirmação violenta, veremos que esta mediação permitida pela linguagem não se faz sem o trabalho linguístico de sujeitos. [...] este trabalho é uma atividade quase estruturante, no sentido de que pela e com a linguagem os sujeitos referem aos fenômenos percebidos e, dizendo-os, estruturam-nos dentro da tradição condensada nas expressões linguísticas. (Geraldi, 1997, p. 80).

---

[9] Refere-se, aqui, à concepção, própria dos empiristas ou dos positivistas dos séculos XIX e XX, de que tudo o que é científico apoia-se na experimentação. Pensava-se que novas ideias surgem graças exclusivamente à experimentação, e o cientista tem o compromisso de mostrar-se fiel ao método científico. "O discurso científico adotou como seu ideal a aparente univocidade: uma palavra, um significado. Próxima a esta realidade está a crença de que a linguagem existe ou pode ser considerada como puramente instrumental, clara e não-ambígua; que pode comunicar ao mundo o que quem fala ou escreve tenta dizer" (Schnitman, 1996, p. 11). Neste sentido, apoiar-se na experimentação e comunicar o que se experimentou implicaria, necessariamente, um bloqueio ao raciocínio intuitivo ou mesmo transcendental do experimentador. Essa visão bloqueadora era supervalorizada por aqueles que palmilhavam as fronteiras do conhecimento científico daquela época e, muito em especial, pelos cientistas teorizadores.

[10] Para a noção de ordem do discurso e de sociedades discursivas, consideraram-se: Foucault (1996) e Geraldi (1997).

[11] Neste trecho, Geraldi refere-se a: HABERMAS, Jürgen. Conhecimento e interesse. *In*: HABERMAS, Jürgen. *Técnica e ciência como "ideologia"*. Lisboa: Edições 70, 1987. p. 129-147. Originalmente publicada em 1965.

Então, se é <u>com</u> e <u>pela</u> linguagem que os sujeitos se referem aos fenômenos percebidos, é <u>com</u> e <u>por</u> ela que se faz ciência; e, por conseguinte, é por meio dela que o interlocutor se constitui sujeito, enuncia e constrói a realidade científica. E esta, por sua vez, depende do(s) posto(s) de observação e da subjetividade daqueles que percebem os fenômenos e os dizem na atividade linguística, construindo, pois, a referência científica.

Segundo Possenti,

> O recorte da realidade que (o cientista) deve efetuar para dar-se um objeto o quanto possível regular e analisável, deixa necessariamente no interior do horizonte alguma faceta do real. Além de não ser neutra, a visada do cientista é, assim, necessariamente parcial. Na verdade, sua incômoda posição o joga praticamente num círculo vicioso. Não pode encarar os fenômenos, deve selecionar um de seus aspectos ou (o que é uma atitude mais discutível), uma de suas partes. Esta seleção, queira ele ou não, é produzida a partir de um ponto de vista prévio, que à sociologia do conhecimento cabe esclarecer. Assim, **o que lhe parece como objeto é o que sua posição determina como tal.** (Possenti, 1979, p. 10[12] *apud* Geraldi, 1997, p. 83, grifo nosso).

Vinculadas a essas concepções, (re)suscitam-se as seguintes assertivas: elege-se o trabalho do sujeito sobre o objeto analisável, na construção da realidade; consideram-se — na acepção apresentada por Geraldi (1997) — as ações do sujeito com e sobre a linguagem e as ações desta no "agenciamento de recursos expressivos e na produção de sistema de referências"; admite-se ser a subjetividade inerente a toda linguagem, e o texto científico (como qualquer outro), o resultado de uma atividade linguística em que se supõe a relação enunciador/enunciatário, indiciadora da construção de sujeito(s) enunciativo(s) em instâncias de enunciação[13]; assente-se que "toda enunciação é um ato de apropriação[14] da língua" (Brandão, 1998a, p. 49), em que, necessariamente, institui-se a figura de

---

[12]   Referência a: POSSENTI, Sírio. Discurso: objeto da linguística. *In*: POSSENTI, Sírio; *et.al. Sobre o discurso*. Uberaba: Fista, 1979. p. 9-19. (Série Estudos nº 6).

[13]   A noção de instância de enunciação (IE) está apresentada em parte específica neste texto: 2.2.2.1.

[14]   Não se pretende aqui conceber língua como um "sistema de signos" de que se apropria o falante, como *estrutura* (defendida por Saussure), como se ela fosse um instrumento que se encontra à disposição dos sujeitos, que o utilizam como se este instrumento não tivesse história. À concepção da *linguagem* como *atividade interativa*, citada por Chomsky (1971, 1994) e corroborada por Benveniste (1995) e Bakhtin (2000), língua passa a ser concebida como *o lugar de interação*, não como mero sistema virtual, pronto para ser ou não usado, mas, sobretudo, como um sistema atual e dinâmico, sem o qual a comunicação não poderia existir. A respeito da noção de língua e linguagem, ver Benveniste (1995).

um sujeito; corrobora-se a tese de que "é praticamente impossível um texto que não deixe aflorar a presença do sujeito falante" (Maingueneau, 1998, p. 133), ou que "um enunciado absolutamente neutro é impossível" (Bakhtin, 2000, p. 308). Isso implicaria dizer que o texto é lugar da 'materialização' da *visada* do sujeito e, por conseguinte, da indiciação deste no processo de construção de sentido, já que todo enunciado traz a marca de seu enunciador; e a modalização é o mecanismo <u>por meio</u> e <u>a partir do</u> qual tais ocorrências são perceptíveis.

Indaga-se: sendo o texto o lugar de indiciação do sujeito, todo e qualquer tipo de texto apresenta marcas desse sujeito? A afirmação de Maingueneau (no parágrafo anterior) de que "É **praticamente** impossível um texto que não deixe aflorar a presença do sujeito falante" (grifo nosso) e de que "esse último inscreve continuadamente a sua presença no seu enunciado, mas essa presença pode ser mais ou menos visível" traz uma certa vacilação quanto a uma resposta. Note-se que, neste caso, o modalizador '*praticamente*' dá margem à possibilidade da existência de algum texto que não deixe "aflorar a presença do sujeito falante". Haveria, então, algum tipo de texto que não indiciasse o sujeito (ou a subjetividade). Já Bakhtin (2000, p. 308) é categórico: "um enunciado absolutamente neutro é impossível", e ainda: "o acontecimento na vida do texto, seu ser autêntico, sempre sucede nas fronteiras de duas consciências, de dois sujeitos" (Bakhtin, 2000, p. 308). Eis, então, a eleição do texto como um lugar fronteiriço de interação de sujeitos e manifestação dos seus conhecimentos por meio da linguagem.

Por sua vez, contribuindo com esta questão, Benveniste (1970 *apud* Possenti, 1993, p. 55)[15] afirma que

> [...] existem marcas explícitas da subjetividade na linguagem. As mais evidentes são os pronomes pessoais eu e tu, em seguida todos os dêiticos. São da língua de um certo ponto de vista, e por isso a linguística das formas lhes confere um sentido fixo, deixando que sua referência seja dada pragmaticamente. O termo eu não significa o "locutor", diz ele, mas "denomina" o individuo que profere a enunciação.

Como se vê, as teorias aqui consideradas encerram questões fundamentais sobre como compreender as questões relacionadas à construção do saber sistematizado — a ciência — e à existência e participação do sujeito

---

[15] Referência a: BENVENISTE, Émile. L'appareil formel de l'énonciation. *In: Langages*. Paris: Didier-Larousse, 1970.

do conhecimento nesse processo de construção, bem como a identidade de ambos e a manifestação deste (o sujeito) no processamento discursivo de enunciação daquela (a ciência).

2.2 Concepções de sujeito, texto e sentido

É de suma importância retomar algumas das questões básicas que, no momento, vêm permeando os estudos sobre Linguística (a Ciência da Linguagem Verbal Humana, como foi proposta pelos seus precursores) e, sequentemente, os estudos dessa mesma ciência, mas já voltada para a questão do texto/discurso.

Faz-se necessário, então, verificar as concepções sujeito, de texto e construção de sentido, de acordo com a evolução da própria Ciência (a Linguística), já que tais concepções evidenciam a noção de língua/ linguagem com que os autores trabalhavam.

2.2.1 Concepção histórica de sujeito na linguagem

Nos estudos de linguagem, a concepção de sujeito varia em conformidade com a concepção de língua/linguagem[16] que se assuma. Dessa forma, à concepção de língua/linguagem como *representação do pensamento* corresponde a de sujeito psicológico, individualizado, dono de seus desejos e de suas decisões. É um sujeito visto como um ego que constrói uma representação mental e deseja que esta seja "captada" pelo interlocutor do jeito como foi mentalizada. Ressalva-se, porém, que esta compreensão aponta para a época em que a Linguística se firmava enquanto ciência e que a noção de sujeito só foi sistematizada, nos estudos de linguagem, posteriormente. Daí se poder hoje falar em *sujeito*. Naquela época, embora ligeiramente citada, esta não era uma preocupação propriamente dita. Mesmo assim, já se falava de três funções básicas da linguagem — representação do pensamento; manifestação psíquica; atuação social[17]— que colocam em evidência a questão do sujeito.

Se se retoma a noção de sujeito-ego supracitada, nota-se que uma dificuldade de acordo conceitual está no fato de que se percebeu que aquele ego não se achava (nem se acha) isolado em seu mundo: configura-se

---

[16] Um bom estudo sobre as concepções de linguagem se encontra em Cassirer (2001).

[17] Ver: CÂMARA JR., Joaquim M. *Princípios de linguística geral*. 7. ed. Rio de Janeiro: Padrão Livraria Editora, 1989.

como um sujeito essencialmente histórico e social, na medida em que se constrói como um ser naturalmente gregário, e, com isso, interage. Daí decorre a noção de um sujeito social, interativo (construído mais tarde, com o avanço das percepções científicas, após a sistematização estruturalista apresentada por Saussure), dominador, porém, das suas ações.

Com a noção de língua como *estrutura* (defendida por Saussure), surge, por sua vez, um sujeito determinado, 'assujeitado' pelo sistema que o determina, um sujeito descrito como um "não consciente" cuja língua é imposta pelo meio a que pertence. Tem se, aí, uma concepção de *língua* como um "sistema de signos", ou seja, um conjunto pronto de unidades que estão organizadas formando um todo; um sistema abstrato, um fato social, geral, virtual, em oposição à *fala* como a realização concreta da *língua* pelo sujeito falante, sendo circunstancial e variável. Vê-se, aí, a famosa dicotomia *langue/parole*. Este pensamento saussuriano traz uma implicação imediata para os estudos de Linguística da época: como a fala depende do indivíduo e não é sistemática, ele (Saussure) a exclui do campo dessa Ciência. Nesta concepção, o princípio explicativo de todo e qualquer fenômeno e de todo e qualquer comportamento individual repousa sobre a consideração do sistema, quer linguístico, quer social. É bom lembrar que Saussure desconsidera a história (*a diacronia*), o sujeito da fala/discurso; e, desse modo, com os conceitos de *língua (forma)* e *sincronia*, ele institui a base da Linguística como ciência.

Os estudos evoluíram [é o que se percebe, por exemplo, com a entrevista concedida por Benveniste (1989, p. 29-40) a Guy Gamur] e se encontram disseminados nas diversas posturas epistemológicas atuais, quer para acordo, quer para desacordo daqueles que os postulam.

Percebe-se que os teóricos modernos que discutem a questão do Sujeito e da Subjetividade na Linguagem e (re)pensam novas direções para a compreensão deste(s) objeto(s), de certa forma, voltam a Saussure, em função da concepção da relação *langue/parole* posta por este. Todavia, os estudos atuais circunscrevem-se não mais na dicotomia língua/fala, mas na instância do discurso, cujo estudo está vinculado às suas condições de produção.

Nessa perspectiva, Benveniste (1995) já coloca em discussão a constituição da subjetividade na e pela linguagem (retomaremos os estudos feitos por Benveniste noutro momento a seguir); e, consequentemente, a concepção e a natureza do sujeito do (e no) discurso ganham relevância e tornam-se ponto de convergência em pesquisas posteriores.

Por exemplo, Koch (2002, p. 13-16) apresenta o que ela chama de três posições clássicas com relação ao sujeito. Em um primeiro momento, caracterizado pelo predomínio da consciência individual no uso da linguagem, o sujeito da enunciação seria o responsável pelo sentido. Tratar-se-ia do sujeito cartesiano, consciente, dono da sua vontade e das palavras. Seria possível interpretar e, portanto, descobrir a intenção do falante quando este se apropriasse da língua para se comunicar, haveria uma transmissão exata de pensamentos da mente do falante para a do ouvinte. E a língua se caracterizaria como um instrumento à disposição das pessoas, que o utilizam como se ele não tivesse história. Compreender um enunciado, neste caso, constituiria, pois, um evento mental que se realiza quando o ouvinte deriva do enunciado o pensamento que o falante pretende veicular.

O segundo momento caracterizou-se com a concepção de sujeito 'assujeitado':

> [...] de acordo com esta concepção, como bem mostra Possenti (1993)[18], o indivíduo não é dono de seu discurso e de sua vontade: sua consciência, quando existe, é produzida de fora e ele pode não saber o que faz e o que diz. Quem fala, na verdade, é um sujeito anônimo, social, em relação ao qual o indivíduo que, em dado momento, ocupa o papel de locutor é dependente, repetidor. Ele tem apenas a ilusão de ser a origem de seu enunciado, ilusão necessária, de que a ideologia lança mão para fazê-lo pensar que é livre para fazer e dizer o que deseja. Mas, na verdade, ele só diz e faz o que se exige que faça e diga na posição em que se encontra. Isto é, ele está, de fato, inserido numa ideologia, numa instituição da qual é apenas porta-voz: é um discurso anterior que fala através dele. (Koch, 2002, p. 14).

Não haveria origem dos enunciados. Estes seriam, na sua maioria, imemoriais, e os sentidos, consequência dos discursos a que pertenceram e pertencem, e não do fato de serem ditos por alguém. A fonte do sentido seria a formação discursiva a que pertencesse o enunciado. Neste caso, recusava-se qualquer sujeito psicológico ou ativo e responsável. Ter-se-ia, neste contexto, concepção de sujeito "inconsciente", que não controla o sentido do que diz, isto é, o inconsciente é quem fala: este poderia romper

---

[18] Referência a: POSSENTI, S. Concepção de sujeito na linguagem. *Boletim da Abralin*, São Paulo, n. 13, p. 13-30, 1993.

as cadeias da censura e dizer o que o ego não diria. "É o 'id' que fala, não o ego. Como afirma Lacan: 'o sujeito não sabe o que diz, visto que ele não sabe o que é'" (Koch, 2002, p. 15).

A terceira posição clássica de sujeito aventada por Koch se relaciona à concepção de linguagem como atividade interativa; e língua como lugar de interação. Esta noção corresponde à de um sujeito como "entidade psicossocial", de caráter ativo na interação e na própria (re)produção da sociedade, na medida em que participa ativamente da definição da situação na qual se acha engajado. Neste sentido, o sujeito se faz ator na atualização das imagens e das representações sem as quais a comunicação não possa existir.

Já Orlandi (1983 *apud* Brandão, 1998a)[19], diferentemente e por sua vez, distingue três etapas do percurso da concepção de sujeito: (i) na primeira, este se forma nas relações interlocutivas centradas na ideia de interação harmônica; (ii) na segunda, passa-se para a ideia do conflito, em que as relações intersubjetivas são governadas por uma tensão básica em que o *tu* determina o dizer do *eu*; (iii) na terceira, o sujeito se concebe no dinamismo entre identidade e alteridade: marcado pela incompletude, este sujeito busca na alteridade a sua completude.

2.2.1.1 Texto/sentido e construção do sujeito

A noção de texto e sentido também se relaciona às concepções que se tenha de língua e de sujeito. Conexo à primeira concepção de língua e sujeito apresentada por Koch (língua como representação do pensamento e sujeito como senhor absoluto de suas ações e de seu dizer), o texto é visto enquanto produto do pensamento (representação mental) do autor. Cabe ao leitor/ouvinte — absolutamente passivo — apenas "captar", com as intenções (psicológicas) do produtor, essa representação mental.

Imanente a uma segunda concepção de língua, utilizada por Jakobson (1971), por exemplo (código, instrumento de comunicação), e de sujeito como determinado por um sistema, o texto é visto enquanto produto da codificação de um emissor (palavra já em desuso, atualmente) a ser decodificado pelo leitor/ouvinte. A este, um decodificador passivo, basta o conhecimento do código, já que o texto, uma vez codificado, é totalmente explícito.

---

[19] Referência a: ORLANDI, Eni. *A Linguagem e seu funcionamento*. Brasiliense: São Paulo, 1983.

Já na concepção interacional da língua, na qual os sujeitos são vistos como construtores sociais, o texto passa a ser considerado o próprio *lugar da interação*; e os interlocutores, sujeitos ativos que se constroem e são construídos na interação, por meio do texto.

Adotando-se esta última concepção — de língua, de sujeito, de texto —, a compreensão passa a ser uma *atividade interativa* de produção de sentidos, que se realiza, evidentemente, com base nos elementos linguísticos presentes na superfície textual — a que se tem denominado marcas textuais — e na sua forma de organização. Tal atividade requer a mobilização de um vasto conjunto de saberes (conhecimentos prévios) e implica a (re)construção, a ampliação deste (ou de outro) conjunto no interior do evento comunicativo[20].

O sentido de um texto, neste caso, não preexiste em palavras ou sistema de signos. É *construído* na inter-ação sujeitos/texto(s) [ou "texto/(co)enunciadores", para citar Koch (2002)]. A coerência textual passa a relacionar-se com a maneira como os elementos presentes na superfície textual constroem, em virtude de uma construção de (co)enunciadores, uma configuração que veicula sentidos e deixa de ser vista como mero atributo ou qualidade textual.

À concepção do parágrafo anterior, pode-se associar as percepções apresentadas anteriormente por Orlandi, como decorrência da compreensão daquela 'última etapa do sujeito'[21]. Tal acepção também entremostra que todo enunciado é resultado da interação de interlocutores (sujeitos de discurso). Há, aqui, um assentimento ideológico entre as autoras, o que parece ser, ainda, corroborado por Dahlet (1997, p. 61), numa outra instância: "todo locutor deve incluir em seu projeto de ação uma previsão possível de seu interlocutor e adaptar constantemente seus meios às reações percebidas do outro". Parece relevante entender qual a natureza desse sujeito que se constrói na alteridade e como ele se indicia: eis um importante papel da modalização.

O próprio Dahlet (1997, p. 62) cita, respectivamente, um posicionamento de Kant e outro de Bakhtin a este respeito:

> [...] "não é senão pelos pensamentos, que são seus predicados, que conhecemos esse sujeito, do qual nunca podermos ter, separadamente, o menor conceito, /.../não

---

[20] Convém, neste caso, observar: MUSSALIM, Fernanda; BENTES, Anna Christina. Linguística textual. *In*: MUSSALIM, Fernanda; BENTES, Anna Christina (org.). *Introdução à linguística*: domínios e fronteiras. 2. ed. São Paulo: Cortez, 2001.

[21] Recorremos apenas à última, porque queremos adotá-la como um dos nortes deste trabalho.

temos nenhum conhecimento do sujeito em si, que esteja na base do eu, como de todos os pensamentos, na qualidade de substrato". (1967, p. 281 e 284).

"não podemos perceber e estudar o sujeito enquanto tal, como se fosse uma coisa, já que ele não pode permanecer sujeito não tendo voz; por conseguinte, seu conhecimento só pode ser dialógico" (in Todorov, 1981, p. 34, p. 281),

e conclui, baseado nos excertos, que é impossível "conhecer o sujeito fora do discurso que ele produz, já que só pode ser apreendido como uma propriedade das vozes que ele enuncia".

Se, para alguns autores, "o centro da relação não está nem no eu nem no tu, mas no espaço discursivo criado entre ambos" (Brandão, 1998a, p.62), a construção da identidade do sujeito só se dará na interação com o outro. E um dos espaços dessa interação é o texto, já que

[...] o linguístico é o lugar, o espaço, o território que dá materialidade, espessura a idéias, conteúdos, temáticas de que o homem se faz sujeito; não um sujeito ideal e abstrato mas um sujeito concreto, histórico, porta voz de um amplo discurso social. (Brandão, 1998a, p. 84).

Isso nos apresenta outra necessidade: entender como essa interação se processa discursivamente. E esse procedimento de que os teóricos já se ocuparam aponta para a *Teoria da Enunciação* sistematizada por Benveniste, referenciada neste livro à página 48.

2.2.2 Sujeito/subjetividade em Benveniste

No início do capítulo intitulado "Da subjetividade na linguagem", Benveniste (1995, p. 284-293), em discordância à acepção de que linguagem seja um instrumento de comunicação, pergunta a que ela (a linguagem) deveria a propriedade de instrumento da comunicação, caso ela (a linguagem) o fosse realmente. Seria: a) porque os homens não encontram uma forma melhor de comunicação; ou b) porque a linguagem apresenta disposições que a tornam apta a servir de instrumento?

Ele observa que o papel de *transmissão* desempenhado pela linguagem pode ser efetivado por meios não linguísticos — gestos, mímicas — e que há um engano ao se falar de linguagem como instrumento, ao se tratar de certos processos de transmissão que, em todas as sociedades, são posteriores à linguagem e lhe imitam o funcionamento. Isso o faz desconfiar de que se possa tratar linguagem como instrumento, pois falar de instrumento seria pôr em oposição o homem e a natureza. Quer-se compreender que a picareta, a flecha, a roda são instrumentos, porque não estão na natureza; a linguagem está na natureza do homem, que não a fabricou. Não se é possível atingir o homem separado da linguagem, tampouco vê-lo inventando-a. Além disso, "é um homem falando que encontramos no mundo, um homem falando com outro homem, e a linguagem ensina a própria definição de homem" (Benveniste, 1995, p. 285).

Ainda se poderia dizer que o homem, ao falar, troca palavras, e este fato sugeriria a noção de instrumentos a serem trocados, mas este é um papel à palavra, não à linguagem. Benveniste faz crer que as características da linguagem, a sua imaterialidade, o seu funcionamento simbólico, não deixam que ela seja assimilada como instrumento; além do que, se assim o fosse, a propriedade de linguagem seria dissociada do homem. E o que se percebe, para este autor, é que é <u>na</u> e <u>pela</u> linguagem que "o homem se constitui como *sujeito*; porque só a linguagem fundamenta na realidade, na sua realidade que é a do *ser*, o conceito de 'ego'".

Está-se diante da questão da subjetividade <u>na</u> e <u>pela</u> linguagem e, consequentemente, diante da questão do sujeito; este, proposto não pelo sentimento que cada um tem de ser ele mesmo, mas "como a unidade psíquica que transcende a totalidade das experiências vividas que reúne, e que assegura a permanência da consciência" (Benveniste, 1995, p. 286). Essa subjetividade é uma emergência, no ser, de uma propriedade fundamental na linguagem. E esta só é possível porque cada ser se realiza nela e por meio dela como *sujeito*, remetendo a si mesmo como *eu* e propondo outra pessoa (dado o caráter dialógico da linguagem) como *tu*, que, embora exterior ao primeiro, torna-se o seu eco. Eis o que Benveniste chama de polaridade das pessoas, que, na linguagem, é singular em si mesma, porque "apresenta um tipo de oposição do qual não se encontra o equivalente em lugar nenhum, fora da linguagem".

Essa polaridade é fundamental para que se tenha consciência de si mesmo, o que, em outras palavras, vem significar a existência do sujeito, já que não se emprega '*eu*' a não ser dirigindo-se a alguém que será, na alocução, um '*tu*' e, nessa condição de diálogo, '*eu*' se torna '*tu*' na alocução daquele que por sua vez se designa por '*eu*'. Esse processo de constituição do '*eu*' e do '*tu*' discursivos e, inevitavelmente, da referência do discurso constrói *instâncias de enunciação* cuja noção será apresentada a seguir.

O que interessa, portanto, é a percepção de que o exercício linguístico revela a subjetividade inerente ao próprio exercício da linguagem, que, para Benveniste (1995, p. 289), "é a possibilidade da subjetividade, pelo fato de conter sempre as formas linguísticas apropriadas à sua expressão"; e o discurso é o provocador da emergência da subjetividade, pois ele se constitui de instâncias discretas. E cada instância de discurso é constitutiva das coordenadas que definem o sujeito. O próprio Benveniste faz crer que, desde que o termo *eu* aparece enunciado, evocando o *tu* para se opor conjuntamente a *ele*, dialeticamente uma experiência humana se instaura de novo, formando uma realidade linguística; e "é numa realidade dialética que englobe os dois termos e os defina pela relação mútua que se descobre o fundamento linguístico da subjetividade" (Benveniste, 1995, p. 287).

Os termos *eu* e *tu*, constituintes do *fundamento linguístico* da subjetividade, *são*, para Benveniste (1995), formas linguísticas que indicam pessoas e se distinguem de outras designações linguísticas, porque *não se remetem nem a um conceito nem a um indivíduo*. Esses termos pertencem a uma classe de palavras que escapam ao status de outros signos, porque se referem a algo muito singular e que é exclusivamente linguístico.

> [...] eu se refere ao ato de discurso individual no qual é pronunciado, e lhe designa o locutor. É um termo que não pode ser identificado a não ser dentro do que, noutro passo, chamamos uma instância de discurso, e que só tem referência atual. A realidade à qual ele remete é a realidade do discurso. É na instância de discurso na qual 'eu' designa locutor que este se enuncia como "sujeito". É portanto verdade ao pé da letra que o fundamento da subjetividade está no exercício da língua. (Benveniste, 1995, p. 288).

Como se percebe, os pronomes pessoais funcionam como apoio para que se perceba a subjetividade na linguagem. Deles dependem outras classes de pronomes com status semelhantes: os indicadores da dêixis, demonstrativos, advérbios, adjetivos, que organizam relações espaciais e temporais em torno do "sujeito". Esses traços linguísticos nos colocam, novamente, diante da chamada instância de enunciação de que trataremos a seguir.

2.2.2.1 Instância enunciativa e construção do sujeito

Entende-se por instância enunciativa um modelo de organização dialógica que especifica o processo de construção de relações entre enunciador(es) e enunciatário(s), situados em um determinado tempo e espaço discursivos como fatores constituintes da referência discursiva. Pressupõe-se que tal modelo seja parte substancial da competência linguística dos falantes de qualquer língua, devendo ser levado em conta em descrições do que seja linguagem, enunciação, discurso.

Segundo Benveniste (1989, p. 68):

> Todas as línguas têm em comum certas categorias de expressão que parecem corresponder a um modelo constante [...] mas suas funções não aparecem claramente senão quando se as estuda no exercício da linguagem e na produção do discurso.

Este "modelo constante" Benveniste caracteriza-o como sendo o Aparelho Formal da Enunciação, que se pode representar na figura de um triângulo, em que a relação Enunciador (Eo)/Enunciatário (Ea) se institui num tempo (T) e num espaço (E) discursivos em que se constrói a Referência (R).

Figura 1 – Modelo de instância de enunciação

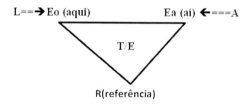

Fonte: elaborada pelo autor

Esta representação possibilita visualizar os fatores necessariamente envolvidos na instanciação do Aparelho Formal da Enunciação, na implementação do processamento discursivo: um locutor (L), que se institui como enunciador (Eo) na e pela atividade linguística; um alocutário (A), coinstituído na e pela atividade linguística como enunciatário (Ea); uma referência (R), que se constitui a partir da necessidade do locutor e do alocutário de falarem sobre um determinado assunto, ou seja, de correferirem no e pelo discurso; e, finalmente, a criação e articulação de outras "entidades linguísticas" para a especificação e/ou modalização de categorias envolvidas no processamento de textos (tempo, lugar, modalidade[22] etc.).

---

[22] As categorias 'tempo' e 'modalidade' serão apreciadas na seção 3.2. Ressalva-se que a modalização de IE é a base do nosso estudo.

Note-se que a relação eu/tu (Eo/Ea) é condição para que se dê a implementação do processamento discursivo, pois ela constitui o sistema de referências pessoais, necessário à instituição e à articulação das Instâncias de Enunciação. E esse sistema de referências indicia-se no processamento discursivo por meio da implementação de certas estratégias responsáveis pela construção do enunciador (Eo), do enunciatário (Ea) e da inter-relação entre eles.

Recorta-se, para efeito de percepção da natureza do sujeito com que propomos trabalhar, um ponto sublinhado por Benveniste (1995) e que se considera essencial no labor de se evidenciar e sistematizar a subjetividade/objetividade discursiva, sobremaneira no discurso científico, por razões já mencionadas aqui.

> [...] *eu* só pode ser identificado pela instância de discurso que o contém e somente por aí. Não tem valor, a não ser na instância na qual é produzido. Paralelamente, porém, é também enquanto '*instância de forma eu*' que deve ser tomado; a forma eu só tem existência linguística no ato de palavras que a profere. Há, pois, nesse processo uma dupla instância conjugada: instância de eu corno referente, e instância de discurso contendo eu, como referido. A definição pode, então, precisar-se assim: **eu é o "indivíduo que enuncia a presente instância de discurso que contém a instância lingu**ística eu". Consequentemente, introduzindo-se a situação de "alocução", obtém-se uma definição simétrica para tu, como o "indivíduo alocutado na presente instância de discurso contendo a instância linguística tu". Essas definições visam 'eu' e 'tu' como uma categoria da linguagem e se relacionam com a sua posição na linguagem. Não consideramos as formas específicas dessa categoria nas línguas dadas, e pouco importa que essas formas devam figurar explicitamente no discurso ou possam aí permanecer implícitas. (Benveniste, 1995, p. 278-279, grifo nosso)

Quer se citar, ainda, Possenti (1993, p. 55), por fazer referência a Benveniste e afirmar que

> O indivíduo que profere a enunciação é, evidentemente, mais e menos que o locutor. Mais porque é individuado, é referido, não é decorrente de um traço opositivo a "ouvinte". Menos que um locutor porque o alcance do conceito locutor é sempre maior que o de indivíduo que profere a enunciação.

Está-se diante de uma evidência a ser explorada: se, dado o dinamismo das instâncias, o *eu* [sem se confundir com o (Eo) ou com o (Ea)] pode ora assumir a posição de *tu*, ora ser (R), assim como '*tu*' pode ora assumir a posição de *eu*, ora também ser (R); se se considerar que '*eu*' pode instituir um (Ea) e falar de si mesmo (pode falar e ser falado: referir e ser referido); é possível afirmar que o *eu*, em determinadas circunstâncias, assume duas posições na mesma instância: (Eo) e (R); assim como o *tu*, por poder ser referenciado, pode, numa mesma instância, assumir as posições (Ea) e (R). E, anteriormente a essas instâncias, haverá sempre um sujeito que fala: o 'éter', o 'ser' o 'cogito' ou a 'consciência', como se queira chamá-lo.

2.3 Linguagem e sujeito em Foucault

Dizer que a obra de Foucault é considerada uma reflexão sobre o discurso, certamente, não é novidade; sabe-se que ele tratou dos mais diversos discursos: o da loucura, da medicina, os parcelares[23] [...], e, até mesmo, dispensou um trabalho voltado ao discurso do discurso, ou à *Arqueologia do saber*. Essa ocupação com a questão dos discursos põe em evidência o trabalho dos sujeitos que discursam e o estudo da linguagem em que e por meio da qual sujeitos e discursos se constroem. Por isso, a necessidade de dispensar-se parte deste capítulo para verificação do tratamento que aquele estudioso do conhecimento humano deu ao sujeito.

Do que se conhece de Foucault, pode-se fazer, para possível verificação na sua obra, duas perguntas: primeiro, se a percepção que se tem de sujeito passa pela necessidade de se notar se este, de forma autônoma, soberana, se constrói, experimenta e 'reina' o mundo em que vive, ou, em outro plano, se passa pela verificação das condições de assujeitamento que se lhe impõem para que ele possa 'introduzir-se' e ser aceito no mundo. Ou, ainda, se se concebe sujeito na relação com o fenômeno, com a sua "forma", sua "aparência", por um lado, ou com o lugar social que ocupa, o seu "status", a sua "função".

---

[23] Os discursos parcelares, segundo Foucault (1996), são descrições especializadas de certas faixas do saber. Em caso, por exemplo, de estudo da psiquiatria, o discurso parcelar não trataria da história dessa área do conhecimento, mas, isto sim, da descrição diacrônica do espaço epistemológico dentro do qual o saber da loucura evoluiu da fase da indiferenciação, característica da Renascença, para a fase da grande reclusão, do período clássico, ou para a fase asilar, no século XVIII.

Uma evidência se constrói, em princípio: qualquer conduta em relação ao sujeito passa pela percepção paradoxal de linguagem que se organiza: de um lado, a inserção do sujeito na linguagem, um mundo em que ele é apenas uma unidade — inatingível, talvez —; do outro, a assertiva de que é "naquele que *mantém* o discurso e mais profundamente *detém* a palavra, que a linguagem inteira se reúne" (Foucault, 1999, p. 421).

Foucault chama Nietzsche[24] à discussão, por considerar que para este — em questões relacionadas ao ser da linguagem que ele (Nietzsche) prescreveu à Filosofia — "não se tratava de saber o que eram em si mesmos o bem e o mal, mas quem era designado, ou antes, *quem fala*, quando, para designar-se a si próprio se dizia *Agathós* e *Deilós* para designar os outros". E, a respeito dessa questão, afirma que Mallarmé teria respondido dizendo que "o que fala é, em sua solidão, em sua vibração frágil, em seu nada, a própria palavra — não o sentido de palavra, mas seu ser enigmático e precário" (Foucault, 1999, p. 420-421).

Para Foucault, se Nietzsche manteve 'até o fim' a interrogação sobre quem fala, "com o risco de fazer afinal a irrupção de si próprio" no interior das suas questões, para fundar-se, em si mesmo, sujeito interrogante, Mallarmé apagou-se na sua própria linguagem, "a ponto de não mais querer aí figurar senão a título de executor numa cerimônia do Livro, em que o discurso se comporia por si mesmo" (Foucault, 1999, p. 421).

Diante dessas percepções diferentes, cria-se um campo de discussão relacionado à noção de linguagem e de ser da linguagem. Vê-se também uma ambiguidade (ou ambivalência) relativa ao significado de 'ser' da linguagem: seria este ser o que fala na, da e por meio da linguagem, o sujeito, ou o de que se fala, isto é, o objeto da linguagem? Há outras questões postas por aquele autor (Foucault, 1999) que interessam: primeiro, que relação há entre a linguagem e o ser; depois, se é realmente ao ser que sempre se endereça a linguagem. Na seção seguinte deste capítulo, trataremos desse assunto.

2.3.1 A linguagem e o ser

No estudo histórico apresentado por Foucault (1999), afirma-se que, no século XVI, tinha-se a 'linguagem real' como coisa misteriosa, cerrada sobre si mesma, que se mistura com as figuras do mundo e se imbrica com

---

[24] Foucault (1999) faz referência a Nietzsche em *Généalogie de la morale*, I, § 5.

elas. A linguagem estaria 'depositada' no mundo e faria parte dele, já que as coisas escondem e manifestam seu enigma como uma linguagem; e as palavras se proporiam aos homens como coisas a decifrar.

Nesse contexto, a linguagem deve ser estudada como uma coisa da natureza, porque, assim como os animais, as plantas, as estrelas, seus elementos têm leis de constituição. Por isso, o estudo da gramática[25], naquele século, "repousa na mesma disposição epistemológica em que repousam a ciência da natureza ou as disciplinas esotéricas" (Foucault, 1999, p. 49), com a diferença de que se considera a existência de uma natureza apenas e de várias línguas; e,

> [...] no esoterismo, as propriedades das palavras, das sílabas e das letras são descobertas por um outro discurso que permanece secreto, enquanto na gramática são as palavras e as frases de todos os dias que, por si mesmas, enunciam suas propriedades. (Foucault, 1999, p. 49).

Está-se, neste caso, diante de uma linguagem que se configura entre o visível da natureza e o secreto do esoterismo. Ela pertenceria "à mesma rede arqueológica a que pertence o conhecimento das coisas da natureza" (Foucault, 1999, p. 57).

Segundo Foucault, se no século XVII a disposição dos signos da linguagem é binária, "pois que será definida, com Port Royal, pela ligação de um significante com um significado", no Renascimento a organização, por ser ternária: "apela para o domínio formal das marcas, para o conteúdo que se acha por elas assinalado e para as similitudes que ligam as marcas às coisas designadas" (Foucault, 1999, p. 58). Além disso, até então, concebia-se a existência da linguagem, inicialmente, "em seu ser bruto e primitivo, sob a forma simples, material, de uma escrita". Mas essa concepção teria feito nascer duas outras formas de discurso: acima, o comentário, que recupera os signos com um novo desígnio, e, abaixo, o texto, cujo comentário supõe a primazia oculta por sob os sinais visíveis.

Considerando que, com o fim do Renascimento, a linguagem, em vez de se constituir em escrita material das coisas, passa a ter seu espaço no 'regime geral dos signos representativos', começou-se, então, a pergun-

---

[25] Foucault (1999, p. 48) faz referência a: RAMUS, P. *Grammaire*. Paris, 1572. p. 3, 125-126. Ele afirma que Ramus dividia sua gramática em duas partes. A primeira era consagrada à etimologia, o que não quer dizer que se buscasse aí o sentido originário das palavras, mas sim as "propriedades" intrínsecas das letras, das sílabas, enfim, das palavras inteiras. A segunda parte tratava da sintaxe: seu propósito era ensinar "a construção das palavras entre si mediante suas propriedades".

tar "como reconhecer que um signo designasse realmente aquilo que ele significava"; e posteriormente, século XVII, "como um signo pode estar ligado àquilo que ele significa". Segundo Foucault (1999), essa questão será respondida pela análise da representação (na idade clássica) e pela análise da significação (no pensamento moderno).

> Mas, por isso mesmo, a linguagem não será nada mais que um caso particular de representação (para os clássicos) ou de significação (para nós). A profunda interdependência da linguagem e do mundo se acha desfeita. [...]. As coisas e as palavras vão separar-se. [...]. O discurso terá realmente por tarefa dizer o que é, mas não será mais que o que ele diz. (Foucault, 1999, p. 59).

Faz-se notar que aquele 'ser primeiro' da linguagem, 'bruto' e 'primitivo', foi desconsiderado, esquecido. A existência da linguagem passou a valer como discurso, sobretudo a partir dos séculos XVII e XVIII.

Em função de, no começo do século XIX, a lei do discurso estar destacada da representação, o *ser* da linguagem encontrou-se como que fragmentado, dizimado, esquecido. Mas, com a recondução do pensamento para a própria linguagem, para seu ser 'único e difícil', viu-se, novamente, reaparecerem questões relacionadas à natureza da linguagem e à possibilidade (ou necessidade) de 'contorná-la' para fazê-la aparecer em si mesma e em sua plenitude. Porém, segundo Foucault (1999), não haveria clareza plena do estatuto dessa busca e das questões que a envolvem. Dever-se-ia, então,

> [...] pressentir aí o nascimento, menos ainda, o primeiro vislumbre no horizonte de um dia que mal se anuncia, mas em que já adivinhamos que o pensamento — esse pensamento que fala desde milênios sem saber o que é falar, nem mesmo que ele fala — vai recuperar-se por inteiro e iluminar-se de novo no fulgor do ser? (Foucault, 1999, p. 422).

Por força dessa busca à natureza da linguagem, viu-se aparecer a separação entre a natureza e a natureza humana. E compreendê-las passou pela necessidade de surgimento do homem dentro dessas naturezas. Inevitavelmente, buscou-se compreender o pensamento, o ser que pensa e o conhecimento: naturezas evidentes no espaço do saber, no universo da linguagem, e tão sutilmente imbricadas e recobertas que o marco diferencial que as constitui ocasiona percepções e sistematizações variadas entre os que se imbuíram de classificá-las. Vejamos, pois, o tratamento dado por Foucault a essas realidades.

2.3.2 O ser do homem, a natureza e o conhecimento

Segundo Foucault (1999, p. 425), "antes do fim do século XVIII o *homem* não existia [...] E o próprio conceito de natureza humana e a maneira como ele funciona excluíam que houvesse uma ciência clássica do homem". As funções da "natureza" e da "natureza humana" opunham-se 'termo a termo' na *epistémè* clássica. Não obstante essa oposição, ou, antes, por meio dela, vê-se delinear a 'relação positiva' entre as duas naturezas, de forma que suas funções dependam uma da outra e as mantenham em comunicação:

> [...] a cadeia dos seres é ligada à natureza humana pelo jogo da natureza: visto que o mundo real, tal como se dá aos olhares, não é o desenrolar puro e simples da cadeia fundamental dos seres, mas oferece-a em fragmentos misturados — repetidos e descontínuos —, a série das representações no espírito não é constrangida a seguir o caminho contínuo das diferenças imperceptíveis; nela [...]; os traços idênticos se superpõem na memória; as diferenças eclodem. Assim, a grande superfície indefinida e contínua imprime-se em caracteres distintos, em traços mais ou menos gerais, em marcas de identificação. E, por conseguinte, em palavras. (Foucault, 1999, p. 426-427).

Se se considera a participação efetiva da memória neste quadro geral de tudo o que existe e se 'a grande superfície' se imprime em palavras,

> O homem pode então fazer entrar o mundo na soberania de um discurso que tem o poder de representar sua representação. No ato de falar, ou antes, (mantendo-se o mais perto possível do que há de essencial para a experiência clássica da linguagem), no ato de nomear, a natureza humana, como dobra da representação de si mesma, transforma a sequência linear dos pensamentos numa tabela constante de seres parcialmente diferentes: o discurso em que ela replica suas representações e as manifesta liga-a à natureza. (Foucault, 1999, p. 426).

A maneira pela qual se realiza a operação de comunicação entre a natureza e a natureza humana, pelo fato de estas se constituírem com funções opostas, complementares e dependentes, trouxe, segundo Foucault (1999), consequências teóricas: na *epistémè* clássica, a natureza, a natureza humana e suas relações são momentos funcionais, definidos e previstos;

mais ainda, se essas naturezas se imbricam, é por meio dos mecanismos do saber e pelo seu funcionamento. "E o homem, como realidade espessa e primeira, como objeto difícil e sujeito soberano de todo o conhecimento possível, não tem aí nenhum lugar" (Foucault, 1999, p. 427).

Percebe-se que o pensamento clássico excluiu os temas modernos relacionados ao ser que fala, trabalha, constrói-se, segundo determinadas leis, e tem o direito de conhecê-las e de "colocá-las inteiramente à luz". Esses temas, relacionados às "ciências humanas", não eram praticáveis:

> [...] não era possível, naquele tempo, que se erguesse, no limite do mundo, essa estatura estranha de um ser cuja natureza (a que o determina, o detém e o atravessa desde o fundo dos tempos) consistisse em conhecer a natureza e, por conseguinte, a si mesmo como ser natural. (Foucault, 1999, p. 428).

Em compensação, no ponto em que se entrecruzam e se combinam as naturezas, "nesse lugar onde hoje cremos reconhecer a existência primeira, irrecusável e enigmática do homem", o pensamento clássico teria feito surgir o poder do discurso, isto é,

> [...] da linguagem, na medida em que ela representa — a linguagem que nomeia, que recorta, que combina, que articula e desarticula as coisas, tornando-as visíveis na transparência das palavras. [...] lá onde há discurso, as representações se expõem e se justapõem; as coisas se reúnem e se articulam. (Foucault, 1999, p. 428).

O discurso, naquela época, teria sido o imperativo diáfano por meio do qual as naturezas são representadas, conquanto a natureza do homem — o ser que fala e põe em prática o discurso — não fosse verificada.

Todavia, se se consente que o pensamento — aquele que fala há milênios sem ter conhecimento do que seja falar, ou de que ele fala — vai recobrar-se por inteiro, tornar-se claro no brilho do ser e irradiar luz na totalidade deste, está-se, então, diante da questão do sujeito do pensamento (quer-se adiantar que o 'ser' aqui mencionado, a nosso ver, equipara-se ao ser ou sujeito do discurso e da linguagem nessa perspectiva com que estamos trabalhando. Observe-se, aqui, uma aproximação conceitual com a relação sujeito/linguagem, que indicia um caráter circular[26] dos

---

[26] Neste contexto, quer-se fazer entender que os estudos relacionados ao sujeito têm apresentado este caráter circular evidente, isto é, que volta muitas vezes ao ponto de partida.

estudos relacionados ao sujeito), o que, segundo Foucault (1999, p. 417-474) incitou, no limiar da nossa modernidade, constituir-se um "duplo empírico-transcendental a que se chamou *homem*[27]" e de que trataremos a seguir. Salienta-se antes que, para Foucault, a compreensão do "ser do homem" (ou, em suas palavras, do "homem e seus duplos") passa por quatro segmentos teóricos — os quais serão sintetizados a seguir —, todos eles relacionados, na época clássica, ao domínio geral da linguagem.

2.3.2.1 A analítica da finitude

O primeiro segmento de que trata Foucault se relaciona ao que se denominou *analítica da finitude*: trata-se da análise que esclarece como o 'ser do homem' se compreende assentado e determinado em positividades que lhe são externas e que o atrelam à espessura das coisas, e como, em contrapartida, é esse ser finito que dá a toda determinação a possibilidade de aparecer na sua verdade positiva.

Põe-se, nessa análise, um paradoxo: o homem (re)surge, aí, com sua posição ambígua de objeto para um saber e de sujeito que conhece; um soberano submisso, um espectador olhado. Eis que aparece, nesse lugar de onde fora excluído; e, com ele, vêm à luz o motivo da sua 'nova' presença, a *epistém*ê que o confirma e a relação que esta *epistém*ê constitui entre as palavras e as coisas e sua ordem.

Nesse sentido, a representação dos animais, das coisas, dos fatos, das palavras, das plantas, da linguagem, da vida deixou de valer (ou de ter de se desdobrar num espaço soberano de verdade) e passou a ser, do lado do homem, o fenômeno, a aparência de uma ordem que pertence às coisas mesmas e à sua lei interior, isto é, o que se manifesta dos seres é a relação exterior que eles estabelecem com o ser humano, já que, nesse contexto, o homem é quem fala, e, em função desse atributo, é designado, entre animais, coisas, fatos, palavras [...] a representá-los.

O paradoxo está no fato de essa designação majestosa ser ambígua. O homem é fruto do trabalho, da vida, da linguagem: só se pode conhecê-lo mediante suas palavras, seu organismo, os objetos que ele fabrica. E ele

---

[27] Duas observações dignas de nota. Em primeiro lugar, salientar que Foucault dispensa todo um capítulo em *As palavras e as coisas* para tratar de O homem e seus duplos. Em segundo lugar, quer se fazer notar o fato de que, a essa altura do texto, está-se diante de três significantes: *homem*, *ser* e *sujeito*. Isto fixa a assertiva de que há aproximação conceitual entre esses termos e o caráter circular dos estudos relacionados ao sujeito, sobretudo se se considera estarmos diante de uma mesma referência.

> [...] só se desvela a seus próprios olhos sob a forma de um ser que, numa espessura necessariamente subjacente, numa irredutível anterioridade, é já um ser vivo, um instrumento de produção, um veículo para as palavras que lhe preexistem. Todos esses conteúdos que seu saber lhe revela exteriores a ele e mais velhos que seu nascimento antecipam-no, vergam-no com toda a sua solidez e o atravessam como se ele não fosse nada mais do que um objeto na natureza ou um rosto que deve desvanecer-se na história. (Foucault, 1999, p. 432).

Eis que, na positividade do saber, anuncia-se a finitude do homem, e, reciprocamente, esta finitude anuncia a positividade do saber. Mas, se à experiência humana é dado um corpo, a essa mesma experiência é dada uma linguagem, em cuja linha de força "todos os discursos de todos os tempos, todas as sucessões e todas as simultaneidades podem ser franqueados" (Foucault, 1999, p. 433). Isso, para Foucault, faz com que cada uma dessas formas positivas, em que o homem pode aprender que é finito, só é dada a ele com base na própria finitude delas. Mais ainda, o modo de ser da linguagem — todo o trilho da história que as palavras fazem brilhar no momento em que são ditas (e, talvez, anteriormente ainda) —, historicamente finito, mas preexistente à própria história da positividade, indicia a obrigação de elevar-se a uma *analítica da finitude* em que o ser do homem poderá edificar todas as formas que lhe apontam como 'ser' infinito.

2.3.2.2 O duplo empírico-transcendental

O segundo segmento teórico da compreensão do "ser do homem" referido por Foucault diz respeito ao empírico do ser, em relação ao seu transcendental. Para o autor, na *analítica da finitude*, o homem é um estranho *duplo-transcendental*, já que a partir deste se conhecerá o que torna possível todo conhecimento: porquanto seja o homem e sua finitude o lugar da análise — e não mais a representação do século XVIII —, as condições do conhecimento são oferecidas à luz, a partir dos conteúdos empíricos que se dão com o homem.

> Para o movimento geral do pensamento moderno, pouco importa onde esses conteúdos se acham localizados: a questão não está em saber se foram buscados na introspecção ou em outras formas de análise. Pois o limiar da nossa moder-

> nidade não está situado no momento em que se pretendeu aplicar ao estudo do homem métodos objetivos, mas no dia em que se constituiu um duplo empírico-transcendental a que se chamou de homem. (Foucault, 1999, p. 439).

Em simbiose a essa compreensão, viu-se, também, surgir duas espécies de análise do saber humano: de acordo com a primeira, o conhecimento possuía um corpo, uma *natureza* "que lhe determinava as formas e o que podia, ao mesmo tempo ser-lhe manifestada nos seus próprios conteúdos empíricos", e, em consonância com a outra, mostrava-se que o conhecimento

> [...] tinha condições históricas, sociais ou econômicas, que ele se formava no interior de relações tecidas entre os homens e que era independente da figura particular que elas poderiam assumir aqui ou ali, em suma, que havia uma história do conhecimento humano que podia ao mesmo tempo ser dada ao saber empírico e prescrever-lhe as formas. (Foucault, 1999, p. 440).

Na concepção foucaultiana, essas duas análises não são necessárias uma à outra e dispensam recursos a uma teoria do sujeito, pois elas pretendem repousar em si mesmas, porque os seus próprios conteúdos funcionam como uma reflexão transcendental. Mas a divisão mais obscura e, quem sabe, mais profunda e fundamental seria a da própria verdade: uma que é da "ordem do objeto", aquela que se forma e se manifesta através do corpo e dos rudimentos da percepção; a outra que é da "ordem do discurso[28]", aquela que permite sustentar uma linguagem verdadeira sobre a natureza ou história do conhecimento. Eis, então, a assertiva de que

> Das duas uma: ou esse discurso verdadeiro encontra seu fundamento e seu modelo nessa verdade empírica cuja gênese ele retraça na natureza e na história, e ter-se-á uma análise de tipo positivista[29] (a verdade do objeto prescreve a verdade do discurso que descreve sua formação); ou o discurso verdadeiro se antecipa a essa verdade de que define a natureza e a história, esboça-a de antemão e a fomenta de longe, e, então, ter-se-á um discurso de tipo escatológico (a verdade do discurso filosófico constitui a verdade em formação). (Foucault, 1999, p. 441).

---

[28] Título dado à Aula Inaugural no Collège de France, pronunciada em 2 de dezembro de 1970. Importa ver: Foucault (1996).

[29] Vê-se uma referência ao Positivismo Lógico mencionado neste texto. Ver nota de n.º 09.

O autor acredita estar-se diante de uma oscilação própria a toda análise em que se faz valer o empírico ao nível do transcendental: um discurso que se deseja ao mesmo tempo empírico e crítico, que, em consequência, só poderia ser, a um tempo, positivista e escatológico. E, nesse caso, o homem seria uma verdade ao mesmo tempo reduzida e prometida. Em função disso, não se pôde evitar que o pensamento moderno buscasse um lugar de discurso que não fosse nem da ordem da redução nem da promessa, que, paradoxalmente, visando a um e outro, os separasse:

> [...] um discurso que permitisse analisar o homem como sujeito, isto é, como lugar de conhecimentos empíricos mas reconduzidos o mais próximo possível do que os torna possíveis, e como forma pura imediatamente presente nesses conteúdos; um discurso, em suma, que desempenhasse em relação à quase-estética e à quase-dialética o papel de uma analítica que, ao mesmo tempo, as fundasse numa teoria do sujeito e lhes permitisse, talvez, articular-se com esse termo terceiro e intermediário em que se enraizassem, ao mesmo tempo, a experiência do corpo e a da cultura. (Foucault, 1999, p. 442).

Esse lugar intermediário a que o autor se refere relaciona-se com a "análise do vivido". Foucault acredita que o vivido estabelece comunicação entre o espaço do corpo e o tempo da cultura: a *análise do vivido* articularia a objetividade possível de um conhecimento da natureza com a experiência originária que se esboça através do corpo; e o faria também com a história possível de uma cultura com a espessura semântica que, a um tempo, se esconde e se mostra na experiência vivida.

2.3.2.3 O cogito e o impensado

O terceiro segmento teórico aludido por Foucault, quando da compreensão do "ser do homem", está relacionado ao *cogito* em oposição ao que é imprensado. Ele acredita que, se a noção de homem se relaciona ao lugar de redobramento do empírico-transcendental, se é nesse e a partir desse homem que os conhecimentos empíricos se tornam possíveis, essa figura paradoxal não se poderia constituir na transparência de um *cogito* nem residir na inércia objetiva do que "não acede e jamais acederá à consciência de si"; a sua dimensão — jamais delimitada — estender-se-ia também ao lugar do desconhecido, um desconhecimento que lhe

UNIVERSO LINGUÍSTICO DA CIÊNCIA: SUBJETIVIDADE, INTERAÇÃO E MODALIZAÇÃO DO FAZER CIENTÍFICO

impele a expansão do pensamento para além de si e, ao mesmo tempo, autoriza-o a se interpelar a partir do que se lhe escapa. Nesse sentido a reflexão transcendental moderna não encontra sua instância na ciência da natureza, "mas na existência muda, prestes, porém, a falar e como que toda atravessada secretamente por um discurso virtual, desse não conhecido a partir do qual o homem é incessantemente chamado ao conhecimento de si" (Foucault, 1999, p. 445).

A esta altura do raciocínio, a questão posta por Foucault aponta para a necessidade de compreensão de como o homem pode ser o sujeito de uma linguagem formada muito antes dele e sem ele, uma linguagem cujo sistema lhe escapa e no interior da qual ele é obrigado a hospedar seu pensamento e sua fala, como se estes apenas animassem um 'segmento' nessa "trama de possibilidades inumeráveis". O autor acredita estar-se, aí, diante de um domínio de experiências não fundadas em que o homem não se conhece. Eis a retomada, a busca, numa consciência filosófica clara, da possibilidade de um desconhecimento primeiro, da possibilidade do ser, da possibilidade do homem, a partir de uma espécie de deslocamento transcendental.

Nessa busca, o pensamento contemporâneo reativa o tema do *cogito*, não mais com a intensão cartesiana, porquanto, se para Descartes tratava--se de trazer, de forma geral, o pensamento e explicá-lo, o *cogito* moderno percorre a articulação do pensamento "com o que nele, em torno dele, debaixo dele, não é pensamento, mas que nem por isso lhe é estranho, segundo uma irredutível, uma intransponível exterioridade" (Foucault, 1999, p. 447).

O autor continua:

> Sob essa forma, o cogito não será, portanto, a súbita des-coberta iluminadora de que todo o pensamento é pensado, mas a interrogação sempre recomeçada para saber como o pensamento habita sempre fora daqui, e, no entanto, o mais próximo de si mesmo, como pode ele ser sob as espécies do não-pensante. Ele não reconduz todo o ser das coisas ao pensamento sem ramificar o ser do pensamento até a nervura inerte do que não pensa. (Foucault, 1999 p. 447).

Foucault acredita que o 'eu penso' não conduz à evidência do 'eu sou' e isso se explica pelo duplo movimento próprio do *cogito* moderno. Eis algumas interrogações aduzidas pelo *cogito* e nas quais está em questão o *ser*, já que aquele não conduz a uma afirmação deste, ou seja, a função do *cogito* não seria mais a de conduzir a uma existência irrefutável, a partir de um pensamento que se afirma por toda a parte, mas a de mostrar como pode o pensamento escapar a si mesmo e conduzir assim a uma interrogação múltipla e proliferante sobre o *ser*.

> Que é preciso eu ser, eu que penso e que sou meu pensamento, para que eu seja o que não penso, para que meu pensamento seja o que não sou? Que é, pois, esse ser que cintila e, por assim dizer, tremeluz na abertura do cogito, mas não é dado soberanamente nele e por ele? Qual é pois, a relação e a difícil interdependência entre o ser e o pensamento? Que é o ser homem, e como pode ocorrer que esse ser, que se poderia tão facilmente caracterizar pelo fato de que "ele tem pensamento" e que talvez seja o único a possuí-lo, tenha uma relação indelével e fundamental com o impensado? (Foucault, 1999, p. 448).

Esse estado de reflexão não se conforma com o *cogito* cartesiano e não o faz, também, com o pensamento de Morin apresentado a partir da página 30 deste texto, já que, na perspectiva foucaultiana, está-se em questão, pela primeira vez, o ser do homem, numa grandeza segundo a qual o pensamento se dirige ao impensado e com ele se articula. Acredita-se, nesse aspecto, que o pensamento moderno seja atravessado pela lei de pensar o impensado e instaurar nessa extensão muda o homem. Isso implicaria aceitar que o pensamento é, ao mesmo tempo,

> [...] saber e modificação do que ele sabe, reflexão e transformação do modo de ser daquilo sobre o que se reflete. Ele põe em movimento, desde logo, aquilo que toca: não pode descobrir o impensado, ou ao menos ir em sua direção, sem logo aproximá-lo de si — ou talvez ainda, sem afastá-lo, sem que o ser do homem, em todo o caso, uma vez que ele desenrola nessa distância, não se ache, por si mesmo, alterado. (Foucault, 1999, p. 452).

Note-se, portanto, que, em oposição ao *cogito*, esse impensado não está instalado no homem como uma natureza impregnada, mas, em relação ao homem, evidencia o *para-além* das suas fronteiras e funciona como uma espécie de OUTRO, o seu segmento, nascido não dele nem nele, mas ao lado e, ao mesmo tempo, quem sabe, para fora de si mesmo, exterior e indispensável a que o homem pense, se projete e surja no saber.

2.3.2.4 A origem (in)possível

Para que se complete o quadro teórico realizado por Foucault, o quarto segmento da compreensão do ser trata do delineamento da origem do homem. Em síntese, o autor faz crer que a constituição do homem se tenha dado no começo do século XIX em relação com a historicidade, constituída por ele próprio, do trabalho, da vida, da linguagem. Estes últimos indicariam, por meio de desdobramento e leis peculiares, a própria origem, uma relação, todavia, não equivalente à forma de se fazer vir à luz a origem do homem, porque este,

> [...] quando tenta definir-se como ser vivo, só descobre seu próprio começo sobre o fundo de uma vida que por sua vez começa bem antes dele[30]; quando tenta se apreender como ser no trabalho, traz à luz as suas formas mais rudimentares somente no interior de um tempo e de um espaço humanos já institucionalizados, já dominados pela sociedade; e quando tenta definir sua essência de sujeito falante, aquém de toda a língua efetivamente constituída, jamais encontra senão a possibilidade da linguagem já desdobrada, e não o balbucio, a primeira palavra a partir da qual todas as línguas e a própria linguagem se tornaram possíveis. (Foucault, 1999, p. 456).

A origem do homem é, para Foucault, a maneira como ele próprio se articula com o já começado do trabalho, da vida e da linguagem. O originário no homem seria aquilo que, desde o seu princípio, o articula com o que não é ele próprio e introduz na sua experiência conteúdos e formas preexistentes a ele e que ele não domina. E, paradoxalmente, esse originário não aponta para o nascimento do homem, liga-o ao que não lhe é contemporâneo e, por essa razão, não se lhe poderia assinalar uma origem.

O pensamento moderno — por meio do 'domínio' do originário que articula a experiência do homem com o tempo da natureza e da vida, com a história, com as culturas — tem-se esforçado para reencontrar o homem em sua identidade nessa origem impossível, mas que forçam a pensar; e o ser, naquilo mesmo que ele é.

Para Foucault, é nessa atividade infinda de pensar a origem o mais distante e o mais perto de si que o pensamento depara com um homem não contemporâneo daquilo que o faz *ser*, ou daquilo a partir do qual ele

---

[30] Esta seria uma referência ao ponto fixo de que fala Chaui (1976, *apud* Brandão, 1998b), citadas à página 32.

é, mas prisioneiro no interior de um poder que o afasta para longe de sua própria origem e, no entanto, a promete em via de efetivação imediata. E "esse poder não lhe é estranho; não reside fora dele na serenidade das origens eternas e incessantemente recomeçadas, pois então a origem seria efetivamente dada; esse poder é aquele de seu ser próprio" (Foucault, 1999, p. 462). Esta última assertiva parece responder à pergunta apresentada na nota de nº 30. E, em se tratando do estudo sobre o "ser do homem", Foucault acredita que

> [...] o liame das positividades com a finitude, a reduplicação do empírico no transcendental, a relação perpétua do *cogito* com o impensado, o distanciamento e o retorno da origem definem para nós o modo de ser do homem. (Foucault, 1999, p. 463).

E a possibilidade da linguagem, do conhecimento e da ciência está na análise desse modo de ser, e não mais na ideia de representação do século XVIII.

O MODO DE DIZER A CIÊNCIA

Às páginas seguintes trataremos de questões de ordem discursiva que sugerem os critérios sobre os quais se assenta o modo de dizer a ciência. Antes, porém, observemos como estudiosos já trataram essa questão e, então, veremos um possível quadro teórico que podemos utilizar na abordagem desse fenômeno da modalização.

3.1 Modalidade e o fenômeno da modalização

Entre outros conceitos apresentados nesta seção, em que tratamos do modo de dizer a ciência, podemos tomar como ponto de partida o pensamento de Dubois (2001, p. 414), por exemplo, segundo o qual há uma "marca dada pelo sujeito a seu enunciado", que indica um grau de participação do locutor em relação ao que este diz ao seu interlocutor. Numa perspectiva linguístico-discursiva, a modalização é tomada, então, como uma categoria, ou, antes disso, um processamento sociocognitivo que permite ao falante expressar uma atitude em face do enunciado que produz, quando manifesta sua percepção em relação ao que conhece ou pensa que conhece, considerando-se, ademais, a imagem que este falante faz de si e do outro no tempo/espaço interativo, que, neste livro, também chamamos de instância de interação.

Como evidenciaremos, ainda, as marcas linguísticas (entendam-se: gramaticais) em textos científicos, façamos um breve 'passeio' pelo percurso histórico nos estudos das modalidades linguísticas e suas categorias, antes de apresentar os mecanismos discursivos, como processamento da Modalização presentes no posicionamento do enunciador em relação àquilo que é dito.

3.1.1 Breve histórico da modalidade e suas categorias

Sabe-se que vem de há muito a ocupação de filósofos com um sistema que sustente as expressões verbais de um juízo, as ditas proposições que expressam um raciocínio lógico, válido entre os que se ocupam do saber sistematizado, tanto empírico quanto a priori. A verdade e a falsidade do que se afirma têm-se definido, desde então, a partir de regras abstratas que determinam a lógica de consistência do que se diz e a sua relação com a verdade, inobstante o fato de que "os lógicos ignoram que as leis da lógica são crenças comunitárias, e, como tal, depende de um forte consenso entre os membros dessa comunidade", como afirma Coracini (1991, p. 112).

Segundo essa autora, Kerbrat-Orecchioni[31], ao se referir às asserções (modalidades aléticas), lembra que mesmo os enunciados ditos universais ("a terra gira" ou "a água ferve a 100° C") só são verdadeiros com relação a um sistema de crenças, um estado de saber, um ponto de vista, um determinado modo de apropriação do real (Coracini, 1991, p. 113).

> O locutor, ao pronunciar tais enunciados, assume o conteúdo do enunciado e se compromete com a verdade que enuncia, de modo que não é possível separar a análise das asserções do sujeito-enunciador, ainda que este esteja totalmente ausente da cadeia linguística. (Coracini, 1991, p. 113).

Vale notar que o tratamento dado por outros autores às modalidades foi apresentado por Coracini (1991, p. 113-120) por três perspectivas:

i. A *sintática* (em que, de modo geral, consideram-se as frases como objetos manipuláveis e o sentido passível de modalização de ordem puramente sintática);

ii. A *semântica* (em que o trabalho com a modalidade se faz em três categorias: o estudo das proposições tomadas em sua estaticidade e inércia, a sistematização formal das proposições modais em língua e o estabelecimento do critério de verdade/falsidade das proposições, com base no funcionamento da linguagem);

iii. A *pragmática* (em que se tratam os enunciados modalizados em termos de atos de fala).

Em i), cita-se:

a. Ross (1969)[32], que propôs um tratamento sintático capaz resolver ambiguidades próprias da modalização, em termos de transitividade ou intransitividade, que corresponderiam, respectivamente,

---

[31] Essa é uma referência a: KERBRAT-ORECHIONI, C. Déambulation en territoire aléthique. *In*: ACTES du Colloque du Centre de recherches Linguistiques et Sémiologiques de Lyon. Stratégies discursives. Lyon: P.U.L., 1977. p. 53-102. p. 55.

[32] Ross (1969 *apud* LYONS, J. *Semantics, II*. Cambridge, London: University Press, 1977).

ao verbo modal *epistêmico* (*devem ser 12 horas; Os cientistas podem ser cinquenta*) e ao modal *deôntico* (*Os mestrandos devem cumprir com os prazos determinados para as atividades; Vocês dois podem entregar o relatório depois: eu permito*);

b. Dubois (1969)[33], que trabalhou com a distinção de sentido *deôntico* e *epistêmico* do verbo 'poder', distinguindo o primeiro como *pleno* (*Vocês dois podem entregar o relatório depois: eu permito*) e o segundo como *auxiliar* do verbo 'ser' (*Os cientistas podem ser cinquenta*);

c. Strick (1971)[34], que observou que a questão da ambiguidade e da verdade/falsidade de enunciados só se processa de forma satisfatória, se se considerarem as circunstâncias de produção do discurso que os gerou, a situação de enunciação. Em '*Ele pode estar doente e não me escrever*' (que pode ser explicado por: 'ele está doente e não me escreve' ou 'ele está doente e me escreve'), teríamos um caso em que a ambiguidade não se resolveria pelo método distribucional aplicado ao tratamento dos modais.

Em ii), cita-se:

a. Blanché (1969)[35], que, apesar de, segundo a autora, pouco ter contribuído para o avanço das questões relativas à modalidade, fez críticas e propôs mudanças ao modelo aristotélico, embora tenha se apoiado neste modelo para sugerir a sistematização dos modais clássicos numa representação em que as partes se relacionassem por oposição e contraste, numa figura de tipo hexagonal[36];

b. Lyons (1977)[37], que apontou para a diferença do tratamento dado à modalidade epistêmica pela Lógica Formal e pela Linguística: aquela, segundo este autor, trabalha com a evidência que determina a necessidade epistêmica da proposição, sob a ótica da objetividade, enquanto esta, por fazer referência ao falante, trata a mesma modalidade como subjetiva, já que a noção de

---

[33] DUBOIS, J. *Enoncé et énonciation*. Paris: Didier; Larousse, 1969. (Langages, 13).

[34] STRICK, R. Quelques problèmes par une description de surface dês modalités en français. *Langue Française*, Paris, n. 12, p. 112-125, 1971.

[35] BLANCHÉ, R. *Structures intellectuelles*. Paris: Vrin, 1969.

[36] Diferentemente do que nota Coracini, Koch (2000:74-88) apresenta e aprecia tanto o quadrado lógico da modalização clássica quanto o hexágono sugerido por Blanché, e reconhece a contribuição que este autor deu aos estudos de modalização. Optamos por não (re)apresentar tais figuras neste texto.

[37] Ver nota 32.

'conhecimento' (do grego *epistemis*) leva ao mundo da 'crença', e nesse contexto conhecer o significado de uma proposição implica conhecer em que condições a sua verdade se aplicaria. Para aquele autor, tanto a modalidade epistêmica quanto a deôntica deveriam receber tratamento objetivo e subjetivo.

Em iii), cita-se:

a. Récanati (1982)[38], que considerou as três modalidades da frase (interrogativa, declarativa e imperativa) como correlativas às três forças ilocucionárias fundamentais: atos de questionamento, asserção e prescrição; e estes atos, em seu turno, correspondentes, respectivamente, às principais modalidades clássicas: as epistê-micas, as aléticas e as deônticas;

b. Guimarães (1979)[39], que também estabeleceu relação direta entre os atos de fala e as modalidades clássicas: permissão e obrigação ≅ modalidade imperativa (permito, ordeno); necessidade ≅ modalidade alética (é necessário); obrigatoriedade e permissão ≅ modalidade deôntica (é obrigatória); afirmação ≅ modalidade assertiva; probabilidade e certeza ≅ modalidade epistêmica; possibilidade ≅ modalidade cognitiva;

c. Strawson (1963)[40], que acrescentou à significação linguística e à sua força ilocucionária as *intenções* do enunciador, mesmo que estas sejam implícitas; neste caso a compreensão de um enunciado implica a sua inserção no contexto de sua enunciação para determinar tanto o seu conteúdo proposicional quanto o seu valor modal;

d. Kerbrat-Orecchioni (1977), que analisou a modalidade na pers-pectiva comunicativa e afirmou que a presença explícita de indicadores modais orienta a compreensão do enunciado e o julgamento que se possa fazer quanto à verdade/falsidade da asserção, mas a sua (dos indicadores modais) ausência faria parte da intencionalidade subjacente do interlocutor[41]: causar a

---

[38] Na referência, consta: RÉCANATI, F. *La transparence et l'énonciation.* Paris: Seuil, 1979.

[39] GUIMARÃES, E. *Modalidade e argumentação linguística.* 1979. Tese (Doutorado) – Unicamp, Campinas, 1979.

[40] STRAWSON, P. F. *Introduction to logical theory.* London: [s. n.], 1963.

[41] Note-se que as asserções feitas neste parágrafo convergem para o ponto de vista de Brandão (1998b) quanto ao mascaramento do sujeito.

impressão de objetividade e neutralidade (mesmo que aparentes) do enunciado no enunciatário. Acordado com esta concepção, Alexandrescu (1976[42] *apud* Coracini, 1991, p. 119) disse que a ocultação da modalidade epistêmica deixa sempre vestígio; "a enunciação aí está, o locutor finge apenas esquecer para dar a impressão de que seu ato é neutro, de que ele não manifesta nenhuma atitude com relação a ele, de que o valor de verdade de seus enunciados é objetivo". Esse artifício de ocultação da modalidade funciona como uma *retórica do neutro*: "o locutor esconde sua enunciação para melhor convencer por seu enunciado" (Coracini, 1991, p. 119);

e. Parret (1983)[43], que apontou para o movimento dialético constitutivo do discurso, os duplos 'estruturação/desestruturação', 'transparência/opacificação' (presença/ausência do enunciador); em suma, 'objetividade/subjetividade'.

Ainda na sondagem das categorias de modalização, importa salientar que, segundo Bronckart (1999), as diversas classificações dos tipos de modalização vêm de Aristóteles aos nossos tempos; para este autor, entende-se como modalização "as avaliações formuladas sobre alguns aspectos do conteúdo temático" (Bronckart, 1999, p. 131). E, embora reconheça a existência de várias classificações dadas à modalização, ele trabalha com quatro delas: as *lógicas* ("julgamento sobre o valor de verdade das proposições enunciadas, que são apresentadas como certas, possíveis, prováveis, improváveis, etc."); as *deônticas* ("avaliam o que é enunciado à luz dos valores sociais, apresentando os fatos enunciados como (socialmente) permitidos, proibidos, necessários, desejáveis, etc."); as *apreciativas* ("traduzem um julgamento mais subjetivo, apresentando os fatos enunciados como bons, maus, estranhos, na visão da instância que avalia"); e as *pragmáticas* ["introduzem um julgamento sobre uma das facetas da responsabilidade de um personagem em relação ao processo de que é agente, principalmente sobre a capacidade de ação (o poder-fazer), a intenção (o querer-fazer) e as razões (o dever-fazer)"].

Essa sucinta exposição a respeito de como os autores mencionados lidaram com a questão das modalidades visa, apenas, a mostrar a aproximação perceptiva dos citados autores e a eleger, para a análise

---

[42] ALEXANDRESCU, S. Sur les modalités croire et savior. *Langages*, Paris, n. 43, p. 19-27, 1976.

[43] PARRET, H. La mise en discours en tant que déictisation. *Langages*, Paris, n. 70, 1983.

dos textos, a forma como Bronckart tratou o assunto, acrescentando-se, a essa escolha, a modalidade alética, pelo fato de se considerá-la importante aos estudos de textos científicos. Dessa forma, optamos pelo uso das seguintes modalidades[44]:

Quadro 1 – Categorização e modalidade

Modalidade	Efeito de sentido	Comentário	Exemplo
Alética	Ato de Asserção; afirmação; declaração	São os enunciados universais.	*A água ferve a 100° C.*
Apreciativa	Apresenta os fatos enunciados como bons, maus, estranhos, na visão da instância que avalia.	Traduzem um julga mento mais subjetivo.	*Isso é importante para casais com alto risco de gerar filhos com doenças hereditárias graves.*
Lógicaou epistêmica	Apresenta a verdade das proposições enunciadas como certas, possíveis, prováveis, improváveis.	São um julgamento sobre o valor de verdade das proposições.	*Algumas doenças podem ser diagnosticadas, ainda no feto, pela ultra-sonografia.*
Pragmática ou cognitiva	introduz um julgamento sobre uma das facetas da responsabilidade de um personagem em relação ao processo de que é agente.	Traduz uma capacidade de ação (o poder-fazer), a intenção (o querer-fazer) e as razões (o dever-fazer).	*Somente o médico pode (tem capacidade de) verificar se a dosagem do remédio é compatível com a situação do enfermo.*
Deôntica	apresenta os fatos enunciados como (socialmente) permitidos, proibidos, necessários, desejáveis.	avaliam o que é enunciado à luz dos valores sociais.	*Os pais devem fazer o teste do pezinho, assim que a criança nascer.*

Fonte: elaborado pelo autor

3.1.2 Especificidades da modalização

Quando se trata de modalização, a primeira ideia com que se pode trabalhar evidencia que a atitude, o tom, o ponto de vista de quem fala/escreve sobre quaisquer assuntos estão marcados no discurso. Em segundo lugar, parece senso que toda e qualquer posição que o sujeito ocupa em

---

[44] Ressalva-se que, neste quadro categorial, pode-se questionar as fronteiras de efeito de sentido das modalidades apresentadas e indicar que qualquer uma das frases utilizadas para exemplificar modalizações partilharia de uma dimensão cognitiva e poderia ser usada pragmaticamente.

relação ao domínio de objetos de que fala/escreve é evidenciada no texto que ele produz — mesmo que sob (pre)determinadas normas de organização —, já que, para enunciar, é preciso que se estabeleçam escolhas estratégicas de apresentação da visão de mundo de quem enuncia, ainda que tais escolhas obedeçam a interesses que não pertençam a este ou aquele sujeito.

Tem-se mostrado que, para efeito de análise textual, só se pode referir a expressões pronunciadas, a elementos significantes que tenham sido articulados (essa é a condição por meio da qual se pode dar a existência a um texto); que se deve trabalhar com um conjunto de signos que caracterizem as modalidades efetivamente produzidas, ditas ou escritas. Entretanto, convém acrescentar uma ausência correlativa (o *não dito*) ao que se diz textualmente. E vale dizer que tal ausência [já referida neste texto por Santos (2002) e Brandão (1998a)] evidencia modalidades do *não dito* que podem ser demarcadas no campo discursivo. Tem-se, nesse caso, o princípio de modalização percebido sob formas que nem sempre podem ser divisadas por uma análise classificatória dos signos.

Segundo Foucault, existem, nas condições de emergência dos textos, "exclusões, limites ou lacunas que delineiam seu referencial, validam uma única série de modalidade, cercam e englobam grupos de coexistência, impedem certas formas de utilização" (Foucault, 2000, p. 128). Como sugere esse autor, nos enunciados, "certas modalidades enunciativas são excluídas, outras implícitas" (Foucault, 2000, p. 80), e, quando se quer pensar em modalização em âmbito discursivo, deve-se considerar, também, esses não ditos.

Não se sugere com isso que a análise textual de modalizadores não inclua a análise discursiva e linguística dos textos reais; por outro lado, não se pretende reduzir a mesma análise a uma espécie de levantamento e descrição de mecanismos linguísticos significativos, como os modais apresentados pela tradição gramatical. Em anuência à fala de Fairclough (2001, p. 82), uma *Análise de Discurso Textualmente Orientada* (ADTO) se processaria em três dimensões:

> [...] análise do texto, análise dos processos discursivos de produção e interpretação textual (incluindo a questão de quais tipos e gêneros de discurso são tomados e como eles são articulados) e análise social do evento discursivo, em termos de suas condições e efeitos sociais em vários níveis (situacional, institucional, societário).

A sugestão do autor se dá por ele acreditar que todo enunciado é multifuncional: combina significados ideacionais, interpessoais e textuais. A opção pelo modelo e pela estrutura de enunciados feita por quem enuncia resulta de (e em) escolhas, para além da materialidade linguística, sobre o significado e construção de identidades sociais, relações sociais, conhecimento e crença.

Para Foucault (2000), o sujeito social que produz um enunciado é uma função do próprio enunciado, ou seja, os enunciados posicionam os sujeitos discursivos — tanto os que produzem quanto aqueles para quem os enunciados são dirigidos — e determinam que posição é ocupada por cada um deles na instância de enunciação em que estão inseridos. Nesse contexto, as modalidades enunciativas compõem a atividade discursiva que associam as posições do sujeito em relação a outro e ao objeto em referência. Assim, por exemplo, a sala de aula, como uma atividade interativa de discurso, posiciona aqueles que fazem parte como aluno ou professor, a partir de regras de formação constituídas por um complexo grupo de relações. É nesse aspecto que a modalização evidencia sujeitos e referentes. E, no caso de textos escritos (também os científicos, com os quais estamos trabalhando), mesmo nos que se fazem com "grau zero" de envolvimento do sujeito, a modalização é o mecanismo por meio do qual se retira a máscara e se revela a posição de quem fala ou escreve e a relação deste com o objeto sobre o qual se fala e com o seu interlocutor.

3.2 O processamento da modalização

A tradição gramatical tem os modais sob dois aspectos: ora aponta para advérbios ou expressões adverbiais, como partículas modais que podem representar elementos frásicos, situar estados de coisas e caracterizar circunstâncias de tempo, modo, lugar, dúvida etc. (*agora*, *assim*, *abaixo*, *talvez*, *respectivamente*); ora se refere aos advérbios 'extrafrásicos', que, conforme Vilela e Koch (2001), indicam uma avaliação "vinda" de fora da frase.

Nesta seção, todavia, a modalização será vista numa perspectiva mais discursiva, mesmo que, claramente, a palavra 'discurso' esteja empregada, algumas vezes, com o valor semântico de texto. Por isso, prefere-se dizer que, a partir de agora, serão aventadas categorias indiciadoras de aspectos textuais/discursivos linguisticamente perceptíveis como recursos de modalização que apontam para o caráter dialógico da linguagem, dentro do princípio enunciativo sistematizado por Benveniste, na estrutura formal das instâncias de enunciação, que (i) coloca em 'jogo' a construção de enunciador, enunciatário e referente discursivos e (ii) aponta para o caráter subjetivo da ciência e do texto científico, com o qual estamos trabalhando.

Assim, será feito um levantamento das operações de construção textual ligadas à modalização, desde a escolha do gênero textual [em acordo com Bronckart (1999), considera-se que a organização dos textos possui seus próprios esquemas de gênero] ao uso da palavra [considera-se, com Benveniste (1989), que a palavra é categoricamente um meio de conversão da língua em discurso, já que toda palavra, quando enunciada em circunstância de interação verbal, é discurso] — o que pode ser considerado uma abertura para se compreender o processamento da modalização no processamento discursivo.

Além das categorias gramaticais que estabelecem o "quadro formal da enunciação" (os índices de *pessoa*: *eu-tu*; os de *ostensão*: *este*, *aqui* etc.), há, segundo Benveniste, uma terceira série de termos (relacionada à enunciação), que é constituída pelo paradigma das categorias temporais, cuja forma axial, o presente, instaurador do próprio "tempo", coincide com o momento da enunciação e é produzida <u>na</u> e <u>pela</u> enunciação.

> Da enunciação procede a instauração da categoria do presente, e da categoria do presente nasce a categoria do tempo. O presente é propriamente a origem do tempo. Ele é esta presença no mundo que somente o ato de enunciação torna possível, porque, [...] o homem não dispõe de nenhum outro meio de viver o agora e de torná-lo atual senão realizando-o pela inserção do discurso no mundo. [...] O presente formal não faz senão explicitar o presente inerente à enunciação, que se renova a cada produção de discurso, e a partir deste presente contínuo, coextensivo à nossa própria presença, imprime na consciência o sentimento de uma continuidade que denominamos "tempo" [...] que é o presente do próprio ser e que delimita, por referência interna, entre o que vai se tornar presente e o que já não o é mais. (Benveniste, 1989, p. 85-86).

Conforme se nota, dentro da categoria de tempo da enunciação é que se criam classes como "eu", "aquele", "amanhã", que para o autor são entidades linguísticas que só existem na rede de indivíduos que a enunciação cria em relação ao "aqui-agora" do locutor.

Para o referido autor, e isto nos interessa, a enunciação fornece, além das formas que comanda, condições para que o locutor possa influenciar o comportamento do alocutário. Isso evidencia, linguisticamente, a criação, na e pela linguagem, de enunciador e enunciatário em cada ato de inter-ação, por meio de operações de discursivização, de caráter sintático--discursivo, que manifestam, em seu modo de realização (modalização), o fenômeno da subjetividade, mesmo em textos ditos objetivos etc. Então, em harmonia com esses princípios postulados por Benveniste, apresentamos a lente teórica a partir da qual analisamos textos científicos. Para isto, consideremos as operações de discursivização a seguir.

3.2.1 No âmbito da construção da situação de interlocução

Já se disse que, para enunciar, é preciso que se estabeleçam escolhas estratégicas de apresentação do que se enuncia e da visão de mundo de quem o faz. E isso envolve as condições sociais, os contextos culturais e os modelos organizacionais da prática de investigação científica e de textualização, que, por sua vez, determinam o modo de dizer a ciência e apontam para a modalização de 'instâncias científicas' em que se constroem enunciadores/enunciatários e referentes, ainda que, muitas vezes, o sujeito-enunciador não pareça evidente na cadeia linguística, não seja evidenciado na forma pronominal 'eu'.

No âmbito da construção da situação de interlocução, por exemplo, a) a escolha do meio de circulação do texto, feita pelo locutor; b) a adequação desse texto a um determinado gênero/tipo textual; c) o tipo de interlocução estabelecido; entre outros fatores, são aspectos importantes para se estabelecer uma análise textualmente orientada[45]. Veja-se, então, como estas questões servem para a análise que se propõe.

3.2.1.1 Escolha do meio de circulação dos textos

Considerando-se que o livro, além de obedecer a determinada prática de discurso, i) é formatado desta ou daquela forma, para atender a princípios mercadológicos; ii) passa por uma edição ('lugar' de onde se manifestam vozes de controle logístico); iii) prevê, também, a existência de um professor mediador da interação, em situação de aula; e, sobretudo; iv) efetiva-se como uma instância de enunciação integrada/integradora

---

[45] Sobre ADTO, ver a partir da página 71.

que manifesta, em suas condições de produção e circulação, um modo de existência; reconhece-se que o locutor de textos veiculados nesse suporte (leia-se veículo de circulação) é mais que apenas uma voz atribuída a um autor empírico ou a um conjunto de autores: vê-se, certamente, um conjunto de "vozes" resultantes de uma prática discursiva.

O mesmo se dá com textos que se publicam em revistas científicas, por exemplo. Sabe-se que a formatação deles é determinada por meio de normas às quais os autores devem se submeter, se quiserem acesso ao veículo para publicar resultado(s) de pesquisa. Não obstante essa prática de 'assujeitamento', é possível, também, evidenciar, na materialidade linguística de textos científicos, o processo de construção enunciador/enunciatário/referente. Assim, a formatação e o uso de determinadas palavras (etc.) podem evidenciar o meio, o veículo de circulação de um texto. E este (o meio) pode interferir na modalidade de produção de texto/sentido.

3.2.1.2 A escolha do gênero/tipo textual

Smith[46] (1991, p. 59, *apud* Villela, 1998, p. 62), trata da relação entre a organização dos textos e sua compreensão e diz que "cada espécie de texto possui seus próprios esquemas de gênero – convenção de apresentação, tipografia e estilo – que o distinguem de outros gêneros ou espécies de texto". Considerando que os textos que analisaremos são de 'natureza' científica[47], é notável que, neles, há evidências de estratégias comuns de referenciação que indiciem, por exemplo, a construção de enunciadores/enunciatários nessa 'categoria' textual.

A respeito do Discurso teórico (científico), em 'oposição' ao *Discurso Interativo*[48], citado por Bronckart (1999, p. 190-191), usaremos como mecanismo de análise neste texto o princípio de que o Discurso Teórico

 i. caracteriza-se por uma 'autonomia' completa em relação aos parâmetros físicos da ação da linguagem de que o texto se origina;

---

[46] SMITH, Frank. *Compreendendo a leitura*. 3. ed. Porto Alegre: Artes Médicas, 1991. p. 59.

[47] Embora estejamos analisando textos veiculados nos chamados livros didáticos (sétima série e terceira dos ensinos fundamental e médio), optou-se por considerá-los do domínio científico, em consideração à noção de gênero apresentada por Bronckart (1999, p. 137), que assevera serem os textos, na escala sócio-histórica, "produtos da atividade de linguagem em funcionamento permanente nas formações sociais: em função de seus objetivos, interesses, e questões específicas, essas formações elaboram diferentes espécies de textos, que apresentam características relativamente estáveis (justificando-se que sejam chamadas de gêneros de texto) e que ficam disponíveis no intertexto como modelos indexados, para os contemporâneos e para as gerações posteriores".

[48] Sobre Discurso Interativo, ver Bronckart (1999, p. 158-161).

ii. não traz, nas suas unidades linguísticas, *referência* ao agente-produtor: as instâncias de agentividade mencionadas no segmento de texto estão numa relação de independência ou de indiferença total em relação ao espaço-tempo da produção, isto é, o texto deixa de apresentar unidades referenciais que remetam diretamente ao locutor ou ao espaço-tempo da produção, como os ostensivos, os dêiticos espaciais e os dêiticos temporais;

iii. 'esconde' pronomes, adjetivos e verbos relativos a primeira e segunda pessoa do singular;

iv. baseia-se em um mundo autônomo em relação ao mundo ordinário dos agentes-produtores e receptores[49];

v. se apresenta as formas de primeira pessoa, faz isto no plural, porque elas podem remeter aos polos da interação verbal em geral, mas *não* aos protagonistas concretos da interação em curso;

vi. mostra a nítida dominância das formas do presente, que neste trabalho será considerado o presente da enunciação.

O autor indica 'dicionário', 'enciclopédia' e 'monografia científica' como exemplares de textos que se constituem com base no discurso teórico. E, por razões apresentadas à nota 47, incluem-se nessa categoria os textos analisados neste livro, no capítulo 4.

3.2.1.3 O estabelecimento da interlocução

Segundo Bronckart (1999), o discurso teórico, em princípio, é monologado, dada a constante presença de frases declarativas. Mas, aqui, adota-se a concepção interacional de língua, segundo a qual esta é concebida como *o lugar de interação*: um sistema atual e dinâmico, no qual os sujeitos são vistos como construtores sociais, e sem o qual a comunicação não poderia existir. E, nesse sentido, o texto é considerado o próprio lugar da interação, e os interlocutores, no estabelecimento da interlocução, passam-se a sujeitos ativos que se constroem e são construídos na interação, por meio do texto.

Adotando-se esta concepção; baseado nos elementos linguísticos presentes na superfície textual e na sua forma de organização (o que aponta para a questão da modalização); considerando que o locutor deve

---

[49] Bronckart (1999) ressalva que, embora essa autonomia seja linguisticamente marcada, ela é raramente completa. Para ele, o Discurso Teórico tende à autonomia sem jamais atingi-la verdadeiramente.

incluir em seu projeto textual uma previsão possível de seu interlocutor e adaptar, constantemente, os recursos linguísticos às reações percebidas do outro, já que todo enunciado é resultado da interação de interlocutores, os sujeitos de discurso; assevera-se que, na materialidade linguística, há evidências de interlocução, quais sejam: i) a presença/ausência do imperativo[50] (que supõe a presença/ausência de um interlocutor de quem o falante pode esperar a realização do que é ordenado), que é sempre uma escolha de organização textual feita pelo locutor; ii) a produção do *dictum* (a informação proposicional contida no enunciado e colocada ao dispor do interlocutor)[51]; iii) a forma do *dicere* (a seleção das unidades lexicais e gramaticais, a escolha das estruturas sintáticas e enunciativas que evidenciam 'quem[52]' é o interlocutor evidente); iv) o uso de determinadas categorias gramaticais, como *além disso*, *então*, *mais ainda*, *acrescente-se*, *repara*, *ou seja*, *finalmente* etc. (invocam a atenção do interlocutor, para que o 'contato textual' não se perca, e/ou 'balizam' o discurso, orientam a interpretação, explicam determinados conteúdos); v) outras categorias que ainda serão apresentadas neste capítulo.

Como já se mostrou, o exercício linguístico revela, portanto, a subjetividade inerente ao próprio exercício da linguagem; e o discurso é o provocador da emergência da subjetividade, pois ele se constitui de instâncias discretas e cada instância de discurso é constitutiva das coordenadas que definem o sujeito, já que, na instância de discurso na qual o "eu" designa locutor, este se enuncia como "sujeito".

Salienta-se que processo de construção de instância de discurso também foi mostrado em 2.2.2.1, ao se tratar de Instância enunciativa e construção do sujeito. Mostrou-se, em suma, que, na implementação da interlocução no processamento discursivo, coexistem, i) um locutor (L), que se institui como enunciador (Eo) na e pela atividade linguística; ii) um alocutário (A), (co)instituído na e pela atividade linguística como enunciatário (Ea); iii) uma referência (R), que se constitui a partir da necessidade do locutor e do alocutário de falarem sobre um determinado assunto, ou seja, de (co)referirem no e pelo discurso; que criam e articulam outras "entidades linguísticas" para a especificação e/ou modalização de categorias envolvidas no processamento de textos (tempo, lugar, modalidade etc.), as quais serão apresentadas ainda neste capítulo.

---

[50] O uso do imperativo será apresentado em 3.2.2.7.4, a partir da página 99.

[51] No item seguinte, 3.2.2.5, trataremos das expressões relacionadas ao *dictum*, ao *dicere* e ao *uelle dicere*.

[52] Salienta-se que 'QUEM', nessa situação, não corresponde a uma pessoa física, um ser empírico. Trata-se de ser estritamente linguístico.

3.2.2 No âmbito da construção do texto

Como já se disse, as gramáticas escolares, inobstante o conjunto considerável de elementos já notados e sistematizados pela investigação linguística, ainda tratam os modais apenas na categoria de advérbios ou partículas adverbiais. Todavia, estudos contemporâneos têm feito constar a existência desses elementos no âmbito textual/discursivo, sob a denominação quer de marcadores do discurso, por exemplo, quer de marcadores de relações discursivas, ordenadores da "matéria textual" discursiva. Vilela e Koch (2001), por exemplo, asseveram que tais elementos constituem "um dos meios privilegiados para ordenar, hierarquizar, ligar, tornar mais fluido o movimento fórico construtor do discurso[53]".

Pode-se citar nessa categoria de elementos da organização textual: i) a escolha dos tópicos discursivos e de seu gerenciamento; ii) a articulação dos tópicos e subtópicos discursivos (operadores, conectores etc.); iii) a correlação entre asserção geral e exemplos (e outros recursos) ilustrativos (ilustrações, exemplificação); iv) a referenciação da relação enunciador/enunciatário (construção do tempo referenciado em relação ao tempo da enunciação); v) o uso de enunciados genéricos, de definições universais; vi) o processamento dêitico utilizado na referenciação da relação enunciador/enunciatário (modo construção das instâncias de enunciação); vii) os "elementos" modalizados: advérbios modalizadores do conteúdo referenciado (o enunciador em sua relação com o conteúdo referenciado).

3.2.2.1 A escolha dos tópicos discursivos e o seu gerenciamento

A escolha e gerenciamento dos tópicos discursivos de um texto requer todo um processo de distribuição dos enunciados, em termos de Articulação Tema-Rema (ATR), que componham a organização da Malha Tópica (MT) do referido texto. Este termo ('Malha Tópica') foi usado por Villela (1998), em acordo com o que foi proposto, segunda ela, por Pires (1997)[54], em substituição a 'quadro tópico'.

---

[53] Note-se, aqui, a palavra 'discurso' também empregada com o valor de texto. Por isso mesmo, apresenta-se essa categoria de marcadores no âmbito da construção do texto.

[54] A autora se refere a: PIRES, Sueli. *Estratégias discursivas na adolescência*. São Paulo: Arte Ciência, 1997. Unip. (Coleção Universidade aberta, v. 31).

Quanto ao Tópico, vamos considerá-lo um elemento motivador do enunciado, que assume uma extensão que suplanta o nível de construção de sentença, e visto na Unidade Discursiva, é parte construtora da ATR. Esta, por sua vez, se constitui como uma categoria de atividade que articula segmentos manifestos de partes do enunciado ou promove a intersecção de enunciados que se acomodam à mesma estrutura de relevância tópica na organização do texto/discurso.

3.2.2.2 A articulação dos tópicos e subtópicos discursivos

Antes de apontar para as questões de modalização relacionadas à articulação dos tópicos e subtópicos discursivos, quer-se fazer saber que o nosso interesse não é mostrar, exaustivamente, como se dá a organização da Malha Tópica e/ou a Articulação Tema-Rema de textos científicos, a partir do que se mostrou, tão bem, em Cavalcante (2002); Pires (1997); e Villela (1998); ou, ainda, conforme postulou Castilho na sua conhecida Teoria Modular. O que se quer é mostrar como essa já conhecida organização evidencia (isto sim nos interessa) a participação do sujeito falante/escrevente em tudo o que se fala/escreve, até mesmo em textos científicos, os ditos objetivos.

Então, considerando-se o construto teórico 'Articulação Tema-Rema', que explica, também, a construção do texto/discurso, pode-se aventar, no processamento da ATR, nesta construção do texto/discurso, articuladores textuais que são usados em <u>funções</u> de organização da materialidade linguística, entre as quais se pode citar:

a. **A promoção da continuidade textual**: vê-se, com certa frequência, em textos científicos a presença de formas/expressões verbais usadas como operadores discursivos que, às vezes, perdem o escopo do seu 'paradigma normal' e incluem-se em outro paradigma, o dos marcadores da continuação do discurso. Tais formas são evidentes construtoras de enunciadores e enunciatários discursivos (*ou seja, digamos, quer dizer, a bem dizer, isto é, repare, note-se* etc.);

b. **A realização da cisão e/ou explicitação dos enunciados do texto**: nas combinações nominais, também presentes em textos científicos, veem-se expressões que, por um lado, indicam continuação e, de certa maneira, explicitação de domínios discursivos (*por exemplo, por outras palavras*) e, por outro, caracterizam um efeito de cisão do domínio que vinha sendo apresentado (*por uma parte, por um lado, por outro lado* etc.). Note-se que, embora tais expressões possam, descontextualizadas, remeter à ideia de construção de espaço, são perceptíveis circunstâncias em que não haja com o seu uso nenhuma referência físico-espacial; veja-se, por exemplo (metalinguisticamente), **neste mesmo parágrafo**, o uso de '*por um lado*' e '*por outro lado*';

c. **A organização lógico-argumentativa do texto**: ainda entre as combinações nominais, são presentes, em textos científicos, os múltiplos organizadores argumentativos, quais sejam os elementos de comparação (*como, quanto, mais, menos* etc.), de confirmação (*de fato, decerto* etc.), de ordenação lógica (*primeiro, em segundo lugar, ainda, além disso*), de oposição (*no entanto, todavia, porém* etc.), entre outros;

d. **A exploração de segmentos textuais e/ou de procedimentos de referência a outras partes do texto**, ou, ainda, ao discurso científico (leia-se intertexto científico), quais sejam[55]:

   i. **procedimentos metatextuais**: as explicações (entre parênteses) no texto 02 são um exemplo de metatexto;

   ii. **procedimentos de referência intratextuais**: incluem-se neste item as notas ou referências cruzadas que retomam assuntos, itens ou palavras já mencionados ou a se mencionar em outras unidades do texto;

   iii. **procedimentos de referência intertextual**: incluem-se neste item as referências explícitas a outros autores (*citação*), a escolas e teorias (*escola de Praga*; *Estruturalismo* etc.), ou a 'apropriação' da voz da ciência, do discurso científico, com expressões tais quais *como se sabe*, já *se postulou, cientificamente* etc.

e. **O uso frequente de anáforas pronominais e/ou nominais e de procedimentos de referenciação dêitica intratextual**: refere-se às anáforas e catáforas textuais realizadas por meio de formas pronominais (*este, esse, este/aquele* etc.) ou expressões nominais (*esse sistema, tal questão* etc.).

---

[55] Esse item é comum ao que Bronckart (1999, p. 173) relacionou.

Podemos ainda associar, aos conhecimentos relacionados à ATR e aos articuladores aqui citados, as formas de distribuição de predicados, mostradas na seção 3.2.2.6.6, dada a importância de se perceber que tanto o gerenciamento da ATR como o preenchimento de espaços vazios em predicados de vários lugares são escolhas de sujeitos discursivos.

3.2.2.3 A referenciação da relação enunciador/enunciatário

Outro aspecto importante na modalização de texto científico é a referenciação da relação Enunciador/Enunciatário evidenciada na materialidade linguística. Parece óbvio, porém, que o exposto até aqui em relação ao *Processamento da Modalização* compreende todos os itens pertencentes aos mecanismos indiciadores da relação enunciador/enunciatário. Seria, portanto, repetitivo citá-los novamente nesta seção. Então, ressalva-se o emprego de uma estratégia de modalização discursiva presente em texto de caráter científico, usada, via de regra, para invocar a atenção do interlocutor.

Trata-se de operadores usados para garantir o 'contato textual' e/ou 'balizar' o discurso, para orientar a interpretação, explicar determinados conteúdos, a exemplo de palavras e/ou expressões como *além disso, então, mais ainda, acrescente-se, repara, ou seja, finalmente* etc.[56] Veja-se que, por exemplo, o uso de '*além disso*', em um dado contexto, pode evidenciar, além do aspecto coesivo do texto, uma estratégia de modalização discursiva em que o locutor invoca a atenção do seu alocutário à percepção de que 'algo' se vai acrescentar ao que está na pauta do discurso; do mesmo modo, '*em resumo*' pode indicar, além da conclusão de um parágrafo/texto, uma orientação discursiva para a síntese de uma determinada extensão ou domínio temático construído numa determinada interação; na mesma direção, *mais ainda, melhor dito, por certo, ora bem, ainda por cima* podem indicar apenas um acréscimo, uma reformulação ou uma oposição a um conjunto de argumentos apresentados pelo locutor. Pode-se, ademais, relacionar nessa categoria indicadores como *daí, antes, acima, (ainda) por cima* etc. (= os dêiticos espaciais); *então, logo* etc. (= os dêiticos temporais); ou *ora, além disso, pelo contrário* (= elementos nocionais).

---

[56] Tais elementos serão mais bem sistematizados na análise do corpus.

3.2.2.4 O processamento dêitico na referenciação da relação Eo/Ea

Para se fazer significar a questão do processamento dêitico na referenciação da relação Enunciador/Enunciatário, parte-se da afirmação feita por Lopes (1998, p. 86) de que "a atividade linguística acontece a partir de um _eu_", já que todo o processamento dêitico se implementa em torno desse _eu_ e da sua relação com o _outro_ (o _tu_ benvenistiano), na implementação do processamento discursivo.

Além do que se mostrou em 3.2.2.2 a respeito do uso frequente, em textos científicos, de anáforas pronominais e/ou nominais e de procedimentos de referenciação dêitica intratextual, realizados por meio de formas pronominais (_este, esse, este/aquele_ etc.) ou expressões nominais (_esse sistema, tal questão_ etc.), importa, para este estudo, relacionar algumas outras questões ordinariamente listadas no domínio do processamento dêitico.

Pode-se citar, por exemplo, Benveniste (1995), para quem os termos _eu_ e _tu_ são formas linguísticas que indicam pessoa e se distinguem de outras designações linguísticas, porque _não se remetem nem a um conceito nem a um indivíduo_. São os conhecidos dêiticos de pessoa, relativo aos quais é preciso considerar que a) se referem a algo muito singular, que é exclusivamente linguístico e participa, apenas, do ato e discurso individual no qual são pronunciados, designando-se respectivamente o locutor e o alocutário e, por extensão, o enunciador e o enunciatário; b) são termos que só têm referência atual em relação à instância de enunciação em que se instituem, remetendo-se à realidade do discurso em que se realizam; c) na instância de discurso na qual _eu_ designa locutor/enunciador, este se enuncia como "sujeito" e coloca o _tu_ na condição de alocutário/enunciatário; d) a presença dessa relação Enunciador/Enunciatário é, portanto, o fundamento da subjetividade, já que tal relação funciona como apoio para que se perceba a subjetividade na linguagem, e, por conseguinte, em textos científicos, já que estes são, também, uma atividade de linguagem; e) são termos dos quais dependem outras entidades linguísticas articuladas por sujeitos interativos, e com as quais tais sujeitos especificam e/ou modalizam categorias envolvidas no processamento de textos: os pronomes demonstrativos, adjetivos, advérbios, que organizam relações espaciais e temporais em torno do próprio "sujeito".

O que se nota é que os estudos de Benveniste relativos ao processo da enunciação colocam as operações constituintes do processamento dêitico como necessárias e fundamentais para a instituição dos sujeitos, seus lugares e seus tempos, em relação a seus discursos. Nas palavras do autor: "É na instância de discurso na qual 'eu' designa o locutor que este se enuncia como 'sujeito'. É, portanto, verdade ao pé da letra que o fundamento da subjetividade está no exercício da língua" (Benveniste, 1995, p. 288).

Em se tratando do texto científico, é importante ressalvar, na estratégia de referenciação científica, a "dissimulação" da presença linguística do enunciador, o que dá ao texto e às assertivas nele construídas um 'tom' de objetividade e/ou neutralidade, mesmo que aparentes. Trata-se, nesses casos, de asserções em que se constrói uma ausência, na materialidade dos enunciados, de dêiticos de pessoa, para conferir uma aparente objetividade ao texto.

Ainda vale ressalvar o uso do dêitico correspondente à forma pronominal '*nós*', designando-se uma condição ambígua do sujeito enunciador, em que este transita entre um NÓS em que se afirma a identidade do locutor e um NÓS em que se faz constar também o alocutário da interação. A respeito dessa complexidade, Benveniste (1995), no capítulo "O homem na língua", assevera que o plural _nós_ não traduz apenas uma pluralização, uma soma de _eus_ que falam, mas, em determinadas circunstâncias, constituir-se-ia "uma junção entre o eu e o não-eu". A essas formas ambíguas do 'nós' ele denominou '_nós-inclusivo_' (que seria a junção do _eu_ + o _você_) e '_nós-exclusivo_' (que seria a junção do _eu_ + _ele_).

Feitas as observações *supra*, ressalta-se que consideraremos a dêixis como pertencente ao conjunto de propriedades discursivas que atuam na construção de enunciadores enunciatários. E, como o enunciador e/ou enunciatário é(são) ser(es) linguístico(s) que constitui(em), caracteriza(m) e evidencia(m) o(s) sujeito(s), uma das funções da dêixis é indiciar a presença do "sujeito" em textos/discursos que este produz.

A referenciação da relação *eu-tu* instaura uma instância de enunciação sempre num tempo "presente", o tempo da enunciação: não há outro critério nem outra expressão para indicar "o tempo em que se *está*" senão tomá-lo como "o tempo em que se *fala*" (Benveniste, 1995, p. 289)[57]. O "tempo da enunciação" é o parâmetro para a criação dos demais tempos,

---

[57] *Problema de Linguística Geral I.*

que nem sempre coincidem com o "tempo" da enunciação. Isso significa que o tempo da enunciação, "o momento eternamente presente", no processo de enunciação, é a condição necessária para se referenciar o "passado" e/ou o futuro. Cabe salientar que, via de regra, dado o caráter discursivo da ciência, o texto científico apresenta um predomínio do tempo presente, o tempo da própria enunciação. Daí a realização da dêixis temporal de textos científicos estar geralmente relacionada ao agora enunciativo.

Assim, pode-se caracterizar o processamento dêitico utilizado na referenciação da relação enunciador/enunciatário, pela perspectiva de que o 'presente' da enunciação regula a modalização do presente do enunciado[58]. Ou seja, cada enunciado instalado no texto, no presente, organiza-se, no discurso, em torno de um _eu_, de um _aqui_ e de um _agora_: o autor/locutor, que se institui como enunciador, dirige-se ao leitor/interlocutor do livro/revista, e essa interação orienta o leitor a construir-se como alocutário, que por extensão institui-se enunciatário e, em um tempo (agora) e um espaço (aqui), constrói-se, conjuntamente, uma referência, via de regra, firmada no "presente científico".

É necessário salientar que, a exemplo do que afirma Ducrot[59] (1984, p. 418-438, _apud_ Lopes (1998, p. 88), "é o discurso, na sua totalidade, que refere, portanto não há como localizar a referência num ponto particular do discurso. Nesse caso, as expressões referenciais seriam um dos processos de revelação do referente". O trecho

1. "**_O_** _professor_ **_da_** _Universidade resolv**eu a** questão_",

por exemplo, só fará sentido numa situação em que se pressuponha a existência de uma universidade e, nela, um professor, e a existência de sujeitos numa dada interação. Estes sujeitos, além de já significarem o vocábulo 'resolver', precisam concordar em que, anterior ao tempo da interação, houve uma questão a ser resolvida.

Note-se que no exemplo citado 'mobilizam-se' 'em torno' de '_resolver_' os elementos '_professor_' e '_questão_'. Os outros elementos são os ditos "_dêiticos_", que colocam em evidência uma situação de enunciação em que

---

[58] Este assunto está tratado no próximo livro, em que são abordadas questões relativas a TEMPO, ESPAÇO, COGNIÇÃO e LINGUAGEM. Nele são mostradas operações linguístico-cognitivas fundamentais na construção de categorias de tempo-espaço, que permitem temporalizar/espacializar/processar objetos de discurso e colocam em evidência 'como' o 'presente' da enunciação regula a modalização do presente do enunciado.

[59] A autora se refere a: DUCROT, O.; TODOROV, T. Referente. _In_: ENCICLOPÉDIA Einaudi. Lisboa: Imprensa Nacional, Casa da Moeda, 1984. v. 2, p. 418-438.

aquilo que é dito também se relaciona com quem diz/ouve e com o acontecimento histórico constituído pelo dizer: *eu* e *tu* designam os sujeitos da interação; *agora*, o momento em que *eu* fala; *resolveu*, o tempo que se seguiu em relação àquele em que se situa o *enunciador*, o *enunciatário* e o *agora* da enunciação; o *a* é um dos elementos de construção da referência, 'franqueado' naquele momento (o da enunciação), dada aquela particularidade da interação e, por conseguinte, da construção do discurso.

3.2.2.5 Modalizadores do conteúdo referenciado na relação Eo /Ea

Inobstante a que a tradição gramatical tenha os modais na categoria de partículas, advérbios ou expressões adverbiais, que podem representar elementos frásicos, ou extrafrásicos[60], nesta seção, os advérbios modalizadores do conteúdo referenciado também serão vistos numa perspectiva mais discursiva.

Serão aventadas categorias adverbiais indiciadoras de aspectos textuais/discursivos, que apontam para a modalização a) do conteúdo enunciado; b) do enunciador e sua relação com o conteúdo referenciado e/ou com o enunciatário; o que, em conformidade com o que se tem mostrado, também coloca em 'jogo' a construção de enunciador, enunciatário e referente discursivos e aponta para o caráter subjetivo da ciência e do texto científico. Nesse domínio, compreendem-se as seguintes categorias adverbiais com as quais o locutor pode, além de ordenar, organizar o texto:

a. **Invocar a atenção do interlocutor**: são operadores com os quais se promove o 'contato textual', se 'baliza' o discurso, se orienta a interpretação, se explicam determinados conteúdos, a exemplo de palavras e/ou expressões como *além disso, então, mais ainda, acrescente-se, veja, ou ainda* etc., com as quais o locutor pode, além do construir aspecto coesivo do texto, invocar a atenção do seu alocutário à percepção de que se vai acrescentar 'algo' ao que está sendo dito, por exemplo, uma orientação discursiva para a síntese de uma determinada extensão ou domínio temático, construído numa determinada interação. Numa sequência textual, o uso de uma expressão como *em última análise* pode ser um exemplo disso. Incluem-se nessa categoria indicadores como

---

[60] Ver Vilela e Koch (2001).

i) *mais ainda, melhor dito, ainda por cima*, que podem indicar um acréscimo, uma reformulação ou uma oposição a um conjunto de argumentos apresentados pelo locutor; ii) *daí, antes, acima, (ainda) por cima* etc. (= os dêiticos espaciais); iii) *então, logo* etc. (= os dêiticos temporais); iv) *ora, além disso, pelo contrário* (= elementos nocionais);

b. **Promover a continua**ção do texto: são operadores discursivos que marcam a continuação do texto/discurso: *ou seja, digamos, quer dizer, a bem dizer, isto é, repare, note-se* etc.;

c. **Promover a continua**ção, cisão e/ou explicitação **dos enunciados do texto**: são expressões que, <u>por um lado</u>, indicam continuação e, de certa maneira, explicitação de domínios discursivos (*por exemplo; por outras palavras*) e, <u>por outro lado</u>, caracterizam um efeito de cisão do domínio que vinha sendo apresentado (*por uma parte, por um lado, por outro lado* etc.);

d. **Indiciar concepções subjetivas do objeto discursivo na relação enunciador/enunciatário**: no plano nocional, os marcadores, além de indiciarem a presença do sujeito enunciador, apontam para determinadas concepções subjetivas do objeto ou do domínio discursivo em que aparecem: i) com pendor argumentativo (*mas repara, por exemplo, além disso, portanto, de fato* etc.); ii) com valor aditivo (*mais, mais ainda, e também, ainda por cima, além disso* etc.); iii) com valor contra-argumentativo ou oposição concessiva/adversativa (*antes pelo contrário, pelo contrário, não obstante, mesmo assim, apesar de tudo, o certo é que, em qualquer caso, só que, isto não obsta a que* etc.); iv) com incidência no valor causal (*por conseguinte, assim pois, daí que, de ato, pois, então* etc.); v) na organização 'tempo-espacial' do texto (*antes de tudo, antes de mais, para começar, num primeiro momento; em seguida, depois, num segundo momento, por outro lado; mais tarde, finalmente* etc.); vi) na organização da informação textual (*então, e depois, depois então* etc.); ou, ainda, vii) na reformulação textual — a operação enunciativa que denota o controle da comunicação por parte do enunciador, tendo em vista o enunciatário, e 'representa' o esforço de adequação e de garantia da continuidade discursiva, explicação ou correção —, que se realiza em expressões como *ou seja, melhor dito, quer dizer, ou antes, por outras palavras, isto é, mais concretamente* etc.

Advérbios de enunciação são, semanticamente, exteriores à frase, não participam na referência frásica e são fruto da intervenção do locutor, que referencia a relação enunciador/enunciatário e comenta, julga, critica, aprecia, o conteúdo proposicional por si produzido, como se nota em:

2. *Francamente, essa questão é insolúvel!*

Na enunciação, há pontos de incidência de modalização na produção:

a. **Do *dictum***: a informação proposicional contida no enunciado e colocada ao dispor do interlocutor;

b. **Do *dicere***: a seleção das unidades lexicais e gramaticais, a escolha das estruturas sintáticas e enunciativas; e

c. **Do *uelle dicere*** (o querer dizer): a intenção comunicativa.

E os advérbios enunciativos podem incidir em (ou ter por escopo) o *dictum*, o *dicere* ou o *uelle dicere*.

Segundo Vilela e Koch (2001), nesse domínio do dizer, os modalizadores mais importantes são os advérbios avaliativos/apreciativos, os modais, os enunciativos e os advérbios de domínio/ponto de vista. Todos estes advérbios ocupam preferencialmente uma posição pré-verbal, ou inicial, ou, entre o tema e o rema, mas sempre marcados por uma pausa.

3.2.2.6 Advérbios relacionados ao *dictum*

Os advérbios cujo escopo é o *dictum*: são os chamados advérbios avaliativos e assertivos. À subclasse dos advérbios avaliativos, pertencem tipicamente os seguintes: *(in)felizmente, estranhamente, miraculosamente, naturalmente, curiosamente*. São os advérbios que apontam para a "avaliação/apreciação" do enunciador acerca do conteúdo proposicional, da asserção, como se vê por:

3. *Infelizmente, o satélite saiu da órbita do planeta;*

4. *Estranhamente, apesar de não ter cumprido todos os passos metodológicos, o pesquisador logrou êxito dos seus experimentos.*

Os chamados advérbios "assertivos" relacionam-se ao _dictum_ quanto ao seu valor de verdade e apresentam o enunciado como possível, provável, certo, comportando, assim, ou um valor epistêmico (indicando a certeza ou incerteza relativamente ao conteúdo proposicional), ou um valor alético (como necessário ou contingente). Os advérbios integrados neste grupo são advérbios como _possivelmente, incontestavelmente, provavelmente, certamente, seguramente_.

Alguns destes advérbios são preferencialmente assertivos, como se nota em

5. _Certamente, o paradigma será revisto._

3.2.2.6.1 Advérbios relacionados ao _dicere_

Os advérbios que incidem no _dicere_/dizer (o agenciamento do discurso[61], segundo Vilela e Koch) são os que implicam: a) uma ordenação discursiva (_inicialmente, finalmente, antes, depois, seguidamente_), b) uma dada distribuição (_respectivamente, sucessivamente_), c) analogia (_igualmente, simultaneamente, paralelamente_), d) oposição (_contrariamente_) etc. Inserem-se também nesse domínio, os chamados e) advérbios metalinguísticos, os advérbios por meio dos quais o enunciador informa acerca da forma linguística do texto (_textualmente, concretamente, literalmente, brevemente,_ equivalendo a expressões adverbiais como _por assim dizer, por outras palavras, noutros termos_ etc.), ou acerca da reformulação do texto (_mais exatamente, mais precisamente_) etc.

De acordo com os autores, há, ainda nesse domínio, advérbios cuja incidência é o discurso. Estes são os chamados f) "advérbios de enquadramento nocional", que definem o campo nocional em que se inserem: _anatomicamente_ (falando), _comercialmente, moralmente, politicamente_ etc., equivalendo a expressões como _no campo da política, do ponto de vista anatômico_ etc.

3.2.2.6.2 Advérbios relacionados ao _uelle dicere_

Os advérbios relacionados diretamente ao "querer dizer" são aqueles que acentuam determinada postura do enunciador acerca do ato ilocutório

---

[61] Note-se que a palavra 'discurso', neste caso, é o texto.

ou intenção comunicativa, o ato constituído na/pela própria enunciação da frase. São advérbios do tipo de *confidencialmente, francamente, sinceramente, pessoalmente, honestamente, seriamente* etc.

Faz-se notar, pelos exemplos aventados nesta seção, que não há homogeneidade de conceito quanto aos advérbios terminados em '*mente*', geralmente apresentados nas gramáticas tradicionais como advérbios de modo, e isso se verifica também com advérbios simples, como se relaciona a seguir:

6. *A pesquisa foi desenvolvida novamente dentro da universidade. Só então a comunidade científica deu crédito ao que ficou comprovado pelo autodidata.*

3.2.2.6.3 Advérbios pronominais

Há advérbios que podem servir de pró-palavras, pró-frases e mesmo pró-textos, cataférica ou anaforicamente. São os denominados 'advérbios pronominais'.

Segundo Vilela e Koch (2001), os advérbios pronominais aproximam-se, por força do seu caráter pronominal, dos pronomes e, pela sua função na frase e no texto (como elementos de ligação), aproximam-se das conjunções de tal modo que são também chamados advérbios conjuncionais, embora não possam confundir-se com conjunções, já que advérbios são elementos frásicos, como se verifica a seguir:

7. *O trem chegou atrasado, <u>daí</u> a maior parte da turma faltar à aula* [daí = 'por causa disso': advérbio];

8. *A maior parte da turma faltou à aula, <u>pois</u> o comboio (trem) chegou atrasado* [pois: conjunção].

É importante salientar que, em função de a classe "advérbio" ser capaz de modificar elementos individuais, estados de coisas, textos e discursos, ela se torna complexa para se enquadrar ou se explicar, de modo sistemático, fora do seu contexto de uso. Por isso, exemplos que não tenham sido citados nesta seção poderão aparecer na análise, ou não aparecerem alguns exemplos citados. Note-se, ainda, que a própria tradição gramatical cuida de separar os advérbios das partículas modais, razão pela qual trataremos desta categoria (as partículas) em seção separada, a seguir.

3.2.2.6.4 Partículas modais

Tratar das partículas modais implica retomar alguns dos elementos já relacionados na seção dos advérbios. Agora, noutro ângulo, pode-se dizer que as partículas[62] seriam elementos que não têm valor frásico como as expressões adverbiais, que não estão sujeitas a certas restrições na colocação na frase, que não podem ser interrogadas nem ocorrer autonomamente como resposta e não fazem parte do estado de coisas proposicional descrito no enunciado, podendo por isso ser elididas.

Foram arroladas por Vilela e Koch (2001, p. 269-271) as seguintes 'subclasses' de partículas:

- **Partículas gradativas ou seriativas**: ligam-se a certos elementos frásicos e delimitam ou excluem grandezas (*só, apenas, exclusivamente, simplesmente, meramente* etc.); enfatizam a significação ou a importância do que o locutor tem a dizer sobre estado das coisas (*mesmo, precisamente, sobretudo, pelo menos* etc.); orientam para a imprecisão do que se pode dizer (*quase, cerca de, mais ou menos, aproximadamente* etc.); acrescentam ou suplementam um determinado dado àquilo que se diz (*também, ainda, mais, mais ainda*);

- **Partículas de intensificação**: reportam-se a propriedades em relação a um grau ou valor de escala próprio de certos adjetivos (*extraordinariamente, especialmente, completamente,* etc.). Está-se perante uma perspectivação do enunciador, diante das coisas ou do estado das coisas que são referenciadas no discurso. Essas, as chamadas 'partículas modais típicas', são o mecanismo de modalização e, portanto, de subjetivização do 'conteúdo frásico', o que implica um juízo de valor do enunciador, sobretudo por exprimirem determinadas posições, expectativas ou reações dos falantes relativamente ao enunciado produzido. Exemplo: *mas, sim, apenas, talvez* etc. (para exprimir: "surpresa", "espanto"); *também, somente, portanto, não, sobretudo* etc. (para exprimir: "dúvida" ou "reserva", em frases interrogativas); *mas, apenas, portanto, sim* etc. (para exprimir: intensificação de uma ordem ou pedido).

Note-se que, segundo os autores,

---

[62] Ver Vilela e Koch (2001, p. 269-271).

> [...] em princípio, a partícula modal compreende um elemento com que o falante afeta todo o enunciado, em que se acrescenta algo ao estado de coisas já instaurado e construído, o ponto de vista do enunciador relativamente ao conteúdo proposicional (Vilela; Koch, 2001, p. 270).

As partículas modais (que, por vezes, são homônimos de advérbios), segundo os autores Vilela e Koch (2001, p. 271), "têm uma força ilocutória mais abrangente que o advérbio propriamente dito e sinalizam uma modalização que tem o seu ponto de partida na subjetividade do produtor do enunciado[63]".

Em síntese, pode-se verificar que uma mesma palavra ou expressão pode, em expressões distintas, ser levada para tratamentos e funções diferentes, isto é, pode se situar na categoria de a) advérbio propriamente dito, b) conjunção, c) conector ("marcador") discursivo, d) partícula modal. Note-se que tais categorias, contidas na classe "adverbial", que também se enquadram numa noção mais sintática, são mais abrangentes do que o domínio designado por aqueles autores como 'gramática da palavra'. Todos esses modelos estariam classificados como uma classe 'organizadora da frase ou do enunciado'; todavia, podem ser notados na perspectiva do discurso, como modalizadores discursivos, como já se mostrou neste capítulo.

3.2.2.6.5 Além da modalidade frásica

Tem-se notado, modernamente, o interesse dos linguistas pelo ato comunicativo, e daí a ocupação com a função, com os efeitos e com a semântica das 'unidades autônomas' do discurso: as frases e o texto. Nesse aspecto, tem-se dito[64] que os conteúdos proposicionais e a atitude que é assumida perante esses conteúdos são construídos com as palavras e com a sua combinação frásica. Mas aqui queremos mostrar que tais atitudes são evidenciadas no texto e na sua relação com o discurso e/ou domínios discursivos. Isso significa que, pela perspectiva de que a parte contém o todo (isto é, o que há na parte há no todo, já que este é tudo e contém a integridade das partes, que, isoladas, também contêm a diver-

---

[63] Acredito que a ideia de que as partículas modais "têm uma força ilocucionária" não se restrinja à partícula em si: o que tem essa força é a proposição como um todo, associada a aspectos outros — tratados do decorrer deste texto — no plano da enunciação.

[64] Ver Vilela e Koch (2001).

sidade constitutiva do todo), as estratégias de escolha e referenciação da palavra, da frase, do texto ou do discurso (o literal e metafórico, o 'real' o 'irreal', o científico e o literário) se articulam a partir dos mesmos princípios cognitivos de produção e recepção de texto/discurso[65], mesmo que se possa dizer que *os Componentes da Semântica Textual* se classifiquem em categorias diferentes, como Vilela e Koch (2001), por exemplo, mostraram. Propõe-se, a seguir, um diálogo com esses autores para, a partir de então, açambarcar, numa perspectiva mais discursiva, a relação com os *Componentes da Semântica Textual* e o uso dos modalizadores discursivos.

3.2.2.6.6 Componentes da semântica frásica

A modalização e a objetividade/subjetividade das frases (e por extensão dos textos e dos discursos) são realizadas — na teoria apresentada por Vilela e Koch (2001), na parte da "Gramática da frase", na seção "Frase" — com as formas de distribuição de predicados e de descrição do estado de coisas na estrutura semântica de um enunciado. Essas formas estão intimamente ligadas ao que se chamou de componentes do conteúdo da semântica frásica. Segundo a percepção desses autores, são de dois tipos os componentes semânticos da frase: a) os componentes independentes do falante, a que se pode chamar componentes denotativos, ontológicos ou referenciais, e b) os componentes dependentes do falante, chamados comunicativos ou acionais.

Nesses modelos de componentes, é possível distinguir-se dois subtipos de entidades: a) as de primeira ordem (as dos nomes), às quais corresponde uma relação constante entre um dado "nome" e o mundo extralinguístico ("mesa" seria sempre 'mesa'; "banco", sempre 'banco'; "homem", sempre 'homem'; independentemente da situação); e b) as de segunda ordem (os estados de coisas), entidades realizadas na língua por proposições dependentes ou realizadas por nomes abstratos, como se nota em:

9. *O cientista assevera que tudo vá suceder conforme previsto*;

10. *Ele procura uma saída para aquele problema*;

11. *O saber é uma virtude que precisa ser mais praticada e menos teorizada.*

---

[65] A este respeito, pode-se, por exemplo, recorrer à Teoria dos Espaços Mentais de Fauconnier (1994, 1996, 1997 *apud* Cavalcante, 2002).

O primeiro tipo de entidades pertence à ordem dos componentes ontológicos; trata do ser enquanto ser, isto é, do ser concebido como tendo uma natureza comum que é inerente a todos e a cada um dos seres. O outro tipo de entidades, as referentes ao grau de validade, integram-se já nos componentes "comunicativos", em que se incluem ainda as chamadas pressuposições, implicaturas, as máximas conversacionais etc.

No bojo dos componentes denotativos ou ontológicos, estariam conceitos mais amplos dos objetos da realidade, a que a lógica chamaria de "indivíduos", "lugares", "instrumentos", "tempo", "acontecimentos" ou "eventos". Tais componentes inter-relacionam-se, visto que os indivíduos possuem determinadas propriedades ou traços e têm entre si relações bem caracterizadas (simétricas, espaciais, temporais etc.)[66].

As combinações de traços ou de portadores de traços são o que se tem designado como 'estados de coisas'; também são, para Vilela e Koch (2001), componentes referenciais. Salienta-se que discordamos desta última concepção, se se aceita que os componentes referenciais são independentes do falante: prefere-se acreditar, nesse contexto, que, como a conceitualização e categorização do mundo inventariam e destacam determinados momentos, determinadas vertentes, e congregam-nos com outros (momentos e vertentes), e, como se trata da atribuição (feita por sujeitos do conhecimento) de uma propriedade a um objeto ou do relacionamento entre objetos, a constituição de um estado de coisas, mais do que um preenchimento de espaços vazios determinados por predicados de um, dois ou mais lugares[67], é uma realização, normalmente feita por meio de palavras, expressões, frases, textos, discursos dependentes dos falantes e relativa ao alcance de cada sujeito que a faz. Ou seja, como afirmam os próprios autores, e é isto que nos interessa, uma tal inventariação e conceitualização, configurando um segmento da realidade, constitui e constrói um estado de coisas. E, se os estados de coisas são entidades realizadas na língua por proposições dependentes ou realizadas por nomes abstratos, está evidente que são, também, relativos à percepção do(s) sujeito(s) do conhecimento.

---

[66] Note-se, aqui, uma aproximação conceitual ao pensamento de Morin (1996) a respeito da noção de sujeito, apresentado neste texto a partir da página 27, quando ele fala da autonomia do sujeito numa perspectiva bio-lógica e mostra que o homem tem inscrita no organismo a organização cronológica da terra, o que evidencia a semelhança humana.

[67] Para essa noção de predicado, de espaços vazios e de actantes, recorremos a Vilela e Koch (2001, p. 305-306), conforme se demonstrará na seção a seguir.

3.2.2.6.6.1 Os componentes ontológicos ou conteúdo proposicional

Na lógica de processamento de predicados nesse sistema, diferenciam-se predicados de um lugar, que configuram propriedades, como em

12. *A mesa é móvel,*

e predicados de vários lugares, que configuram relações:

13. *Antônio ajudou a construir uma família mais humanizada.*

Nessa concepção, a construção do enunciado tem como ponto de partida o predicado e a sua respectiva valência[68]. Destarte, existem, no modelo frásico possível, frases com predicados de um, de dois ou mais lugares. Os portadores de valência com os seus actantes — também chamados 'cases', 'casos', 'papéis semântico-funcionais' ou "arquétipos" — compõem os componentes básicos da proposição. Por exemplo, na frase

14. *O presidente viaja de helicóptero para Davos,*

há os componentes básicos — ou *entidades de primeira ordem* — realizados, respectivamente, por presidente, viajar, para Davos. E esse é um predicado (= viajar para) de dois lugares, que designa um movimento orientado e exige dois actantes — *dois lugares vazios* —, um para um Agente (o presidente) e outro para a Indicação de Direção (Davos).

3.2.2.6.6.2 Os componentes do conteúdo comunicativo

Uma determinada situação de interação verbal constrói, a priori, um determinado estado de coisas que, por sua vez, reporta a uma dada situação de comunicação, e esta pode ser descrita na estrutura semântica de um enunciado. Os elementos pertencentes ao conjunto denominado "componentes comunicativo-pragmáticos" e indiciadores da situação de comunicação especificam relações que podem ser sistematizadas como a) enunciador ←→ enunciatário; b) enunciador/enunciatário ←→ estado

---

[68] De um modo muito genérico, a valência é colocada pelos autores como a capacidade que um dado lexema (palavra) tem, por força do seu significado lexical, de abrir à sua volta um determinado número de lugares vazios e de prever a natureza e a forma dos termos que podem ou devem preencher esses lugares. Assim, o verbo 'dar' prevê três lugares vazios, a qualidade dos termos que podem realizar esses lugares, a sua forma e a função; *Fernando deu um lindo cachecol à sobrinha.*

de coisas; c) estado de coisas ←→ lugar do ato de fala; d) estado de coisas ←→ tempo do ato de fala.

Salienta-se, mais uma vez, que qualquer palavra, expressão, frase, texto realizados no discurso ultrapassa necessariamente o conteúdo da proposição; tal realização é produzida por interlocutores e contém, portanto, já o resultado de uma 'confrontação' do enunciador/enunciatário e o estado de coisas que se quer realizar e comunicar. Além disso, as interações verbais, de qualquer espécie, são acompanhadas de determinadas circunstâncias que incluem na categoria do conteúdo comunicativo os seguintes componentes:

a. **A ordenação temporal e local do estado de coisas**: são componentes temporais (as descrições representadas por estados de coisas envolvem uma ordenação temporal, que pode ser realizada discursivamente, a partir do tempo da instância de enunciação, pelos tempos do verbo ou por meios lexicais: nomes de tempo como amanhã, hoje, ontem, há um ano, há muito etc.) e espaciais (os componentes espaciais, ao contrário dos temporais, podem não ocorrer explicitamente na 'materialidade' linguística);

b. **O grau de validade e a modalidade do enunciado**: este componente, definido como a atitude que o falante, em cada circunstância de comunicação, assume perante o conteúdo do enunciado na sua globalidade (certeza, incerteza, dúvida, suposição, desejo etc.) e participa do 'conteúdo comunicativo', indiciando o caráter avaliativo do que está sendo referenciado, enunciado.

Tais modalidades podem ser expressas por meios lexicais, como, por exemplo:

- Verbos plenos com semântica de implicações modais, os chamados "factivos[69]":

15. *Eu afirmo/creio/confesso que tal hipótese é/seja possível de se confirmar.*

- Verbos modais:

16. *Este trabalho deve/tem de ser feito por quem tem obrigação de fazê-lo.*

---

[69] Verbos "factivos" são aqueles que, em alguns dos seus usos, implicam a verdade do seu complemento direto, realizado normalmente por nomes abstratos ou por proposições: *Eu penso que tu devias pensar mais na vida; Reconheço que tenho procedido mal; Sei que isto é possível.*

- Ou por "grupos" ou "frases modais":

17. _Na minha opinião,_ este trabalho é obra de profissional.

- Por "palavras modais" ou "partículas modais":

18. Essa pesquisa é _provavelmente/certamente_ uma das melhores que se produziu na PUC até hoje.

- Por meios gramaticais, como o modo do verbo:

19. O Professor pensa que isto não _é/seja/será_ verdade.

- Por tempos verbais:

20. Os alunos _estarão/estariam_ confiantes no resultado dos trabalhos.

- Por determinadas construções modais, como ter de + inf.; ser de + inf.; nome a/de + inf.:

21. O projeto de pesquisa _é de impressionar_;

22.   Eis uma _pesquisa a/de causar inveja_.

a. **a emocionalidade como expressão da atitude de quem fala/ escreve**[70]: segundo Koch e Vilela (2001), o conjunto de elementos emocionais de um texto é denominado 'emocionalidade'. Acredita-se que quem fala/escreve imprime atitudes emocionais (alegria, tristeza, perplexidade, euforia etc.) do discurso no texto que produz. Tais atitudes podem ser realizadas textualmente, na fala, por meios prosódicos; na escrita, por meio de sinais gráficos [ponto de exclamação, parênteses, estilo gráfico (negrito, garrafal, caixa alta) etc.], pela posição dos elementos (hipérbato), ou por meios lexicais (interjeições, as próprias partículas ou palavras modais);

b. **A enfatização ou o enfraquecimento (= desenfatização) do conteúdo comunicativo**: este componente está relacionado ao uso que o sujeito/interlocutor faz das diversas possibilidades linguísticas que a língua lhe oferece, em circunstância de interação, para enfatizar/desenfatizar o conteúdo a ser enunciado. Além dos recursos já citados no item anterior (emocionalidade), pode-se relacionar outros meios lexicais, como as palavras ou

---

[70] Note-se que é possível associar o 'componente emocionalidade' com o 'componente enfatização/ desenfatização'.

expressões de graduação (*sempre, cada vez mais*) ou precisão (*especificamente, pontualmente, exatamente*); enfatização do Tema ou do Rema, como nos respectivos exemplos a seguir:

23.*As pteridófitas é que são plantas sem flores cujos órgãos sexuais são taliformes;*

24. *Eles conseguiram mesmo foi desfazer o laboratório.*

3.2.2.7 A escolha do modo verbal

Vimos[71] que são diversos os tratamentos dados à questão da modalização, mesmo que, quanto ao conceito, os autores parecem convergir para ideia de que a modalidade possa ser definida como a gramaticalização das atitudes subjetivas do falante e a sua transposição para o conteúdo do enunciado.

Há, como é de se prever, alguns problemas ligados com a modalidade e com a sua expressão. Todavia, para além da nomenclatura que se tem dado às diversas formas de manifestação que o sujeito faz da realidade que constrói e em que vive, quer-se, nesta seção, pelo viés da **palavra**, mostrar como a modalização se organiza discursivamente. Portanto não se pode limitá-la apenas aos modos verbais — mesmo que para alguns autores, Vilela e Koch (2001), por exemplo, o 'modo', como categoria gramatical própria do verbo, seja um dos instrumentos privilegiados para exprimir a "modalidade".

Além do recurso expresso pelo modo verbal, de que se tratará a seguir, esse painel de possibilidades da modalidade pode ser evidenciado por outros processos linguísticos, como, por exemplo, palavras modais (*enfim, talvez, finalmente*), expressões modais (*de fato, efetivamente, com toda a probabilidade, salvo melhor opinião, creio eu, se não me engano, na minha opinião*), adjetivos (*certo, certinho, possível, impossível, provável, improvável*), construções frásicas e determinadas entoações.

Resumidamente, Vilela e Koch (2001, p. 176-180) asseveram que os modos verbais são empregados com funções modais distintas; como não é intenção buscar exaustivamente todas as funções modais da categoria verbal, citaremos apenas os aspectos relativos à modalização, num processamento discursivo. Ressalva-se que esses autores dispensam maior fôlego ao modo subjuntivo, talvez por ser o considerado 'modo da subjetividade'. A seguir, sintetiza-se o apanhado feito por Vilela e Koch (2001, p. 176-180).

---

[71] Ver seção 3.1.1.

3.2.2.7.1 O indicativo

Esta é considerada a forma básica dos modos: representa o 'conteúdo' do enunciado como um fato, denota o realmente existente, o previsível e o que está em vias de se realizar, como se nota em

25. *A água gela a zero grau.*

3.2.2.7.2 O subjuntivo

Para Vilela e Koch (2001), a semântica do subjuntivo pode ser definida em oposição à do indicativo: é o modo do "não realizado", ou "ainda não realizado". A caracterização do subjuntivo faz-se em relação ao indicativo e ao imperativo, como se percebe em:

26. *Quando ele for procurar, verá como é difícil encontrar;*

27. *Quando ele tiver procurado em condições, verá como é fácil encontrar;*

28. *Mesmo se ele procurasse em condições, não encontraria;*

29. *Mesmo se ele tivesse procurado em condições, não teria encontrado.*

Segundo aqueles autores, costuma dizer-se que o subjuntivo é o modo da oração subordinada, o que seria parcialmente verdade, mas há usos do subjuntivo, a que se poderia chamar "optativo", em que não há, aparentemente, dependências sintáticas, como se vê em:

30. *Fosse eu rico! [e os pobres teriam agasalho].*

Decerto, há uma certa relação entre a subordinação e o subjuntivo:

a. Com verbos de "vontade" (*uerba uoluntatis*):

31. *Quero /desejo /mando /ordeno que saiam imediatamente.*

b. Com verbos que exprimem dúvida:

32. *Receio /temo ... que tudo seja feito novamente.*

Com certos verbos, pode haver opção entre subjuntivo e indicativo (para exprimir "possibilidade", "dúvida", "eventualidade" vs. "'alguma' certeza"):

33. *Penso que ele consiga/consegue provar aquela hipótese.*

As marcas do subjuntivo podem, também, ser resumidas como as de uma dada circunstância avaliada subjetivamente, como em

34. *Não é verdade que ele more aqui.*

Este modo também ocorre nas subordinantes em ligação com certas expressões, como _talvez_ ou _oxalá_, ou em expressões de desejo ou ordem, como se nota em:

35.*Não falemos mais nisso.*

3.2.2.7.3 O futuro do pretérito

O modo realizado no chamado futuro do pretérito exprime o "irreal" no passado:

36. *Quem diria que eu iria receber este prêmio?*

Ou a suavização de uma afirmação:

37.*Eu diria que o senhor não tem razão.*

O futuro do pretérito composto exprime a "irrealidade" no passado:

38. *Ela teria feito 100 anos ontem.*

Ou "desejo" com verbos de "vontade":

39. *Ela teria desejado ver o museu.*

Ou, ainda, avaliação (do valor) de informações obtidas por canais intermediários:

40.*Benveniste teria sistematizado a categorias dos pronomes.*

3.2.2.7.4 O imperativo

Quanto ao imperativo, Vilela e Koch (2001, p. 179) asseveram que o seu valor "está intimamente ligado à situação, ao contexto, tanto mais que supõe a presença de um interlocutor de quem o falante pode esperar a realização do que é ordenado". Há nesse modo uma evidência de que o tempo de realização seja o futuro[72].

---

[72] Optou-se por não apresentar as diferentes formas de realização do imperativo: o que nos interessa é a relação desse modo com a modalização pela perspectiva deste texto.

3.2.3 A construção dos enunciados

A construção dos enunciados em textos científicos está diretamente relacionada à realização das modalidades apresentadas no quadro exposto na seção 3.1.1. Conforme se mostrou, o locutor modaliza o que diz de acordo com a(s) avaliação(ões) formulada(s) sobre aspectos do conteúdo temático.

Em se tratando de texto científico, são mais evidentes, na sua construção, as modalidades alética, apreciativa, lógica ou epistêmica, pragmática ou cognitiva. E os enunciados, comumente

a. são asserções, afirmações, declarações: os chamados enunciados universais da modalidade alética, percebidos em realizações específicas que os exprimem ou que implicam as palavras '*sim*' e/ou '*não*', afirmando, positiva ou negativamente, uma proposição que, além de ser a "manifestação mais comum da presença do locutor", visa a comunicar uma certeza;

b. traduzem algum julgamento subjetivo e apresentam expressões como *é importante, é necess*ário, *é conveniente* etc. ou formas verbais correspondentes: *importa, necessita-se, convém* etc., que são típicas da modalidade apreciativa;

c. evidenciam, por meio do auxiliar '*poder*' ou outro mecanismo, algum julgamento do locutor quanto ao valor de verdade das proposições: a certeza, a possibilidade ou a probabilidade de se realizar o que se propõe, característico da modalidade lógica ou epistêmica;

d. evidenciam um posicionamento do locutor em relação ao processo de que outras pessoas são agentes, por meio de auxiliares tradutores de capacidade de ação (poder fazer), de intenção (querer fazer) e/ou razão/obrigação (dever fazer), típicos da modalidade pragmática ou cognitiva;

e. tornam evidentes, por meio do auxiliar '*dever*' ou mecanismos semelhantes, as avaliações do locutor quanto aos valores sociais de permissão, proibição, necessidade, desejo etc., característicos da modalidade deôntica.

Outras evidências da participação do sujeito e da sua relação com o enunciatário e/ou com a referência podem se processar. Por exemplo: a) a *interrogação*, que é construída para suscitar uma resposta do alocutário em relação ao que se diz ou se pergunta, e b) a *intimação*, percebida em categorias como o imperativo, o vocativo, que implica uma "relação viva e imediata" do locutor/enunciador ao alocutário/enunciatário, numa referência necessária ao tempo da enunciação.

3.2.4 A escolha do vocabulário (lexicalização)

No texto escrito, o locutor agencia certas estratégias de interlocução e produção de sentido, segundo a imagem que ele faz de seu interlocutor. Conforme Villela (1998, p. 62), ao tratar do modo como as palavras faladas ou escritas são selecionadas e organizadas, Smith[73] assevera que a razão de emprego de uma palavra e as condições de uso desta — a escolha do veículo linguístico, por exemplo — colocam restrições àquilo que é dito ou escrito, de maneira tal que, num processo de interação verbal, o que se diz e como é dito está intimamente ligado à interação e, de algum modo, condicionado pelo que foi anteriormente dito e pela forma como foi dito.

É óbvio, então, que o texto escrito depende do contexto/condição em que é produzido, e a escolha do vocabulário, por exemplo, está sujeita a limitações tais quais "*o assunto sobre o qual o escritor está falando – 'o que quer dizer' e a linguagem que está empregando – 'como deseja fazer isto'*": essas duas limitações são atribuídas a Smith[74] (1991 *apud* Villela, 1998, p. 62).

Vê-se, como lembra Villela (1998), que tais limitações fazem parte de uma gama de convenções. Por exemplo, i) as do idioma, relativas à maneira pela qual as palavras do vocabulário e as formas da gramática são utilizadas em uma determinada comunidade de linguagem; ii) as de coesão, responsáveis pelo entrelaçamento das declarações e das sentenças; iii) as de linguagem, determinantes da seleção e organização de palavras, de acordo com o tema, o interlocutor e o contexto da iteração: em outros termos, as condições de produção textual.

Nessa concepção, adotamos a perspectiva de que i) produzir um texto é, também, escolher e empregar as fórmulas de vocabulário, de coesão, de organização gramatical apropriadas à interação e à própria

---

[73] Ver nota de n.º 46.

[74] SMITH, Frank. *Compreendendo a Leitura*. Artes Médicas. 3. ed. Porto Alegre, 1991.

comunidade linguística[75] em que esta se realiza; e ii) o conhecimento de tais convenções é essencial para o locutor e o alocutário do texto, pois, na interação, pode-se prever a performance linguística possível a ambos os sujeitos interativos e suscitar, para a realização da atividade linguística, todas as escolhas linguísticas, em todos os âmbitos do processamento textual/discursivo.

Nessa perspectiva, comparando-se os diferentes textos analisados a seguir, também serão evidenciadas as fórmulas de vocabulário (escolha e emprego) selecionadas pelos locutores, em função do processamento de modalização resultante da previsão que se fez do alocutário.

---

[75] A autora lembra que "a linguagem escrita, há um conjunto substancial de convenções: de ortografia, de pontuação, de formato de letras, de dimensão de letra manuscrita ou impressa, de colocação de maiúsculas, de parágrafo, de encadernação de livros, que são diferentes de uma língua para outra, de uma cultura para outra" (Villela, 1998, p. 63).

4
ANÁLISE DE TEXTOS CIENTÍFICOS

Em consonância com a ideia de que a atitude, o tom, o ponto de vista de quem fala/escreve sobre quaisquer assuntos estão marcados no discurso e refletidos na materialidade do texto, nesta seção mostraremos índices textuais que evidenciam a posição que o(s) sujeito(s) ocupa(m) em relação ao domínio de objetos de que fala(m)/escreve(m) — mesmo que sob (pre)determinadas normas de organização —, já que, para enunciar, é preciso que se estabeleçam escolhas estratégicas de apresentação da visão de mundo de quem enuncia. E isso envolve as condições sociais, os contextos culturais e os modelos organizacionais da prática de investigação científica e de textualização, que, por sua vez, determinam o modo de dizer a ciência e apontam para a modalização de 'instâncias científicas' em que se constroem enunciadores/enunciatários e referentes.

Os quatro textos examinados neste capítulo (**Texto 01**, Ciências para alunos da sétima série do ensino fundamental; **Textos 02 e 03**, Biologia para alunos da terceira série do ensino médio, de diferentes autorias; **Texto 04**, veiculado em revista[76] de domínio científico) serão analisados tanto separada quanto comparativamente. E, retomando-se as proposições anteriormente expostas, tais análises visam a perseguir as questões de ordem discursiva que evidenciam a implementação de estratégias e/ou mecanismos léxico-sintático-discursivos de modalização e textualização envolvidos na construção da inter-relação enunciador/referência/enunciatário no processamento de textos científicos.

A escolha desses textos se deu em função de que, diferentemente e por sua vez, cada um deles trata, entre outras questões, de um assunto comum: a fenilcetonúria. Como a estratégia de referenciação desse assunto é diferente em cada texto, temos a clara evidência de que o objeto da ciência é, também, determinado pela interação linguística, e o texto científico, como qualquer outro, é o resultado de uma atividade linguística em que se supõe a relação enunciador/enunciatário, indiciadora da construção de sujeitos enunciativos em instâncias de enunciação.

---

[76] *Revista Médica de Minas Gerais* (órgão oficial da Associação Mineira de Educação Médica).

Evidenciaremos os mecanismos discursivos de referenciação e funcionamento de cada um dos textos e apontaremos as diferentes relações enunciador/referência/enunciatário vinculadas a cada condição de produção textual, isto é, como se modalizam, em cada texto, os enunciadores, os enunciatários, os referentes, tornando-se evidente que a modalização é indiciadora de subjetividade. Vejamos, então, a seguir, na materialidade linguística dos textos analisados, as operações de caráter sintático-discursivo que manifestam, em seu modo de realização, o fenômeno da subjetividade científica.

4.1 Texto 01: Genes defeituosos causam doenças

Leitura

Genes defeituosos causam doenças*

Da mesma forma que os genes determinam a cor da nossa pele, o tipo de cabelo que temos ou a forma de nosso queixo, eles são também responsáveis por várias reações químicas de nosso metabolismo, que ocorrem no interior de nossas células. Genes, em última análise, são **informações** sobre como nossas células devem agir, em termos de metabolismo.

Que tal seria se recebêssemos de nossos pais alguns genes defeituosos? Nossas células, nesse caso, estariam recebendo informações **errôneas** sobre como se comportar quimicamente, isso poderia trazer problemas mais ou menos graves.

O **albinismo**, que citamos no início deste Capítulo, é um bom exemplo. O gene **A** contém a informação sobre como as células devem proceder para fabricar melanina, enquanto o gene **a**, não. Quando a pessoa herda tanto de seu pai como de sua mãe o gene a, causador de albinismo, suas células simplesmente **não sabem** fazer o pigmento melanina. Isso traz vários tipos de desconforto, já que a melanina filtra a radiação em excesso, protegendo a pele humana. Pessoas albinas têm a pele muito sensível à luz, e, por outro lado, por falta absoluta de pigmento nos olhos, eles ficam ofuscados facilmente com uma claridade que seria suportável para pessoas normais.

A **hemofilia**, também citada anteriormente, é outro caso bem conhecido de doença transmitida geneticamente, e é muito mais frequente em homens, sendo praticamente inexistente em mulheres. Na espécie humana existe um gene que controla uma substância importante para a coagulação do sangue. Os hemofílicos apresentam uma variedade defeituosa desse gene. Por esse motivo, seu sangue é incapaz de se coagular. Veja o perigo: qualquer hemorragia pode ser mortal; afinal, a coagulação é um mecanismo de proteção, já que o coágulo funciona como uma rolha que tampa nossos vasos sanguíneos lesados, interrompendo a hemorragia. Pessoas hemofílicas precisam receber durante toda a vida transfusões de sangue de outras pessoas, ou pelo menos a substância que permite a coagulação, também retirada do sangue de pessoas normais. No entanto, muitos hemofílicos, devido a isso, acabaram por se contaminar e adquiriram Aids, numa época em que essa doença era pouco conhecida e em que os bancos de sangue não verificavam a presença desse vírus no sangue que coletavam.

O **daltonismo** é outro caso de deficiência transmitida geneticamente. A exemplo da hemofilia, o daltonismo é também muito mais frequente em homens. No daltonismo — você se lembra? — falta um dos tipos de cones, células relacionadas com a visão das cores. Assim, o daltônico pode confundir cores como vermelho e verde, ou verde e marrom.

Você já ouviu falar do **teste do pezinho?** Trata-se de um exame clínico, realizado em recém-nascidos, que permite verificar se a criança tem uma doença genética chamada **fenilcetonúria** (ou PKU). O que é exatamente a fenilcetonúria? Trata-se de uma doença causada por um gene defeituoso, que impede a utilização celular correta de um aminoácido, a fenilalanina, existente nos alimentos, já que esse aminoácido não é utilizado corretamente, ele e alguns de seus derivados se acumulam e causam vários problemas aos fenilcetonúricos, inclusive retardo mental. No entanto, descobrir, assim que uma criança nasce, que ela tem fenilcetonúria permite tratá-la. através de uma dieta adequada, pobre em fenilalanina; nesses casos, seu desenvolvimento ocorre de forma totalmente normal. (SILVA JÚNIOR; SASSON; SANCHES, 1997, p. 206-207).

4.1.1 A construção da situação de interlocução

O estabelecimento de uma análise textualmente orientada requer a observação de questões relacionadas à construção da situação de interlocução, quais sejam, por exemplo, a) a escolha do meio de circulação do texto, feita pelo locutor; b) a adequação desse texto a um determinado gênero/tipo textual; c) o tipo de interlocução estabelecido; entre outros fatores. Veja-se, então, como esses aspectos se apresentam no Texto 01 e, a seguir, em outros que serão analisados.

4.1.1.1 A escolha do meio de circulação do texto

Já se disse que o Texto 01, escrito para estudantes da sétima série do ensino fundamental, é parte integrante de um outro maior, o livro[77], e que este (o livro), além de obedecer a uma determinada prática de discurso, é formatado para atender a princípios mercadológicos e de circulação. Parece óbvio, portanto, notar que a organização daquele texto, dada a escolha deste veículo de circulação, indicia um modo de realização discursiva e uma disposição, uma organização estabelecida pelos locutores para facilitar a construção da interlocução.

Fala-se, por exemplo, da divisão do livro em capítulos e deste em seções, dentre as quais se destaca a seção LEITURA, disposta no fim de cada capítulo do livro de que se retirou este texto[78]. Assim, a palavra LEITURA, evidenciadora de uma instância de enunciação, é também um índice da organização do livro, já que indica uma seção. Esta faz parte da escolha dos locutores, nesta situação de interlocução. E aquela palavra (LEITURA) evidencia, mesmo que implicitamente, QUEM DIZ //O QUE //A QUEM // e DE QUE MODO o faz. Isso estabelece uma interlocução numa dada condição de produção textual e, óbvio, referencia a relação enunciador/enunciatário.

Da mesma forma que a palavra LEITURA sinaliza uma seção do meio de circulação do texto, tem-se, também, em

41. "*O albinismo, que citamos no início deste __Capítulo__, é um bom exemplo*",

uma referência ao capítulo do livro em que se situa o texto e ao albinismo, citado neste tal capítulo.

Note-se que tanto a palavra "*Leitura*" quanto "*Capítulo*", se tomadas isoladamente, apresentariam valores de significação outros, diferentes dos quais se processam no Texto 01: "*Leitura*", em outro contexto, pode significar a observação da indicação de um instrumento de medida ou, ainda, o resultado de uma medição realizada com tal instrumento; da mesma forma, "*Capítulo*" pode pôr em evidência a existência de uma lei,

---

[77] Também o são os Textos 02 e 03.

[78] Ressalva-se que todo o livro constitui a atualização de uma única Instância Enunciativa na qual se articulam as demais instâncias de discurso. Mas, como o objeto do estudo delimitado neste trabalho se configura na busca de operações de discursivização que, em seu modo de realização, manifestem a subjetividade de textos científicos, não constitui fator determinante da análise tomar como unidade de estudo o livro como um todo, ou seus capítulos e seções.

um orçamento, um tratado. Mas, no texto em análise, é evidente que o uso daquelas palavras coloca em funcionamento um conjunto complexo de informações que, tomado na interação, referencia a organização do suporte (meio de circulação) utilizado pelos interlocutores no processamento do texto, neste caso o livro. E, não diferentemente, indicia-se a condição de interlocução em que os interlocutores atribuem sentido àquelas e a outras palavras, em função do veículo em que elas se encontram. Isto é: consideradas na relação com o livro em que se encontram e em função do contexto de uso em que se firmam, "*Leitura*" e "*Capítulo*" indiciam uma relação enunciador/enunciatário e 'sugerem' (leia-se modalizam) a produção do sentido que se constrói na dada interação.

4.1.1.2 A escolha do gênero/tipo textual

Outra questão relevante no âmbito da construção da situação de interlocução é o esforço dos locutores em adequar este texto ao gênero textual a que pertence (sem perder de vista o alocutário) e ajustá-lo ao nível de memória, da capacidade de interação do interlocutor a que se propõe.

Note-se, também, que, prevendo-se, como interlocutores, estudante(s) da sétima série fundamental — um alocutário menos 'cientificado', portanto —, o locutor recorre ao uso da primeira pessoa do plural — embora esta remeta aos polos da interação verbal em geral, e não aos protagonistas[79] concretos da interação em curso —, como se evidencia em

41. "*O albinismo, que cita**mos** no início deste Capítulo, é um bom exemplo*";

42. "*Da mesma forma que os genes determinam a cor da **nossa** pele, o tipo de cabelo que temos ou a forma de **nosso** queixo, eles são também responsáveis por várias reações químicas de **nosso** metabolismo, que ocorrem no interior de **nossas*** células";

43. "*são informações sobre como **nossas** células devem agir, em termos de metabolismo*";

44. "*Que tal seria se recebêsse**mos** de **nossos** pais alguns genes defeituosos**?***";

ou, ainda, constrói, explicitamente, o alocutário no processo de alocução, por meio do a) '*você*', b) da forma verbal, correspondente à segunda pessoa indireta, c) da interrogação e d) do imperativo em

---

[79] Note-se que o '*nós*', neste uso, refere-se a qualquer pessoa que leia o livro.

45. "*No daltonismo — **_você se lembra?_** — falta um dos tipos de cones,* células relacionadas com a *visão* das cores";

46. "***Você*** já ***ouviu falar*** *do teste do pezinho?*";

47. "***Veja*** *o perigo:*";

como estratégias de aproximar-se do alocutário e estabelecer a relação enunciador/enunciatário.

Por outro lado, alguns índices discursivos, textualmente evidenciados, apontam para a construção desse gênero textual. Como já se mostrou, no título

48. "*Genes defeituosos causam doenças*",

tem-se uma asserção em que a ausência de pronomes pessoais confere uma aparente objetividade ao texto: o locutor assume o conteúdo do enunciado e se compromete com a verdade que enuncia, de modo a não se separar a asserção e o sujeito-enunciador. E, nesse caso, tal verdade[80] está relacionada a um sistema de crenças, um estado de saber, um ponto de vista, um determinado modo de apropriação do real, que, em última análise, aponta para o domínio científico.

Pode-se atestar, também, nessa forma de construção do título citado ou de trechos tais como

49. "***A hemofilia é*** *outro caso bem conhecido de doença transmitida geneticamente*";

50. "***O daltonismo é*** *outro caso de deficiência transmitida geneticamente*";

51. "*[...] **descobrir**, assim que uma criança nasce, que ela tem fenilceto-núria **permite** tratá-la*";

um conjunto de preceitos em que se assenta a discussão relativa à modalidade alética[81]. Em princípio, a) tem-se, no citado título, um caso de ausência linguística de um enunciador[82], que faz parte da intencionalidade subjacente do locutor de, dada a natureza desse gênero de discurso, promover a condição de objetividade e neutralidade (mesmo

---

[80] Conferir o que se diz sobre as asserções à página 66.

[81] Conferir página 68.

[82] Ressalva-se, como se mostra na análise, que há evidências explícitas do enunciador no decorrer do texto.

que aparentes) do enunciado; e b) o locutor, para dar a impressão de que sua postura é neutra, não aparece; tem-se a impressão de que ele não manifesta juízo com relação ao referente e de que o valor de verdade de seus enunciados é objetivo[83].

Ainda quanto à questão do estabelecimento do discurso científico, vê-se, na materialidade linguística, a dominância do presente científico[84] em

42. *"Da mesma forma que os genes __determinam__ a cor da nossa pele, o tipo de cabelo que __temos__ ou a forma de nosso queixo, eles __são__ também responsáveis por várias reações químicas de nosso metabolismo, que __ocorrem__ no interior de nossas células"*;

48. *"Genes defeituosos __causam__ doenças"*;

a que chamamos de "presente da enunciação" e que aponta para a cientificidade do texto em análise. E todas essas escolhas referidas nos exemplos *supra* são estratégias de modalização utilizadas pelos locutores tendo-se em vista tanto a condição de produção textual, em que se realiza (realizou) a atividade de interação edificada pelo texto, quanto o gênero em que este se constrói.

4.1.1.3 O estabelecimento da interlocução

Pode-se dizer, resumidamente, que a própria orientação que se estabelece com a palavra LEITURA, mostrada no item anterior, põe em evidência uma situação de interlocução em que um locutor (**L**) (identificado na autoria do livro) se institui enunciador (**Eo**) na e pela atividade linguística; um alocutário (**A**) (fundamentalmente alunos da sétima série), (co)instituído na e pela atividade linguística como enunciatário (**Ea**); uma referência (**R**) que se constitui de um conjunto de informações a respeito dos **Genes defeituosos** e as **doenças causadas por eles**.

Isso significa que, dada a divisão do livro em capítulos e deste em seções (a seção LEITURA, por exemplo), a palavra LEITURA, que, para uns, seria apenas o aviso de que se inicia mais uma seção, é, necessariamente, evidenciadora de uma instância de enunciação e faz parte da escolha, por

---

[83] Para citar Coracini (1991, p. 119), esse artifício de ocultação da modalidade funcionaria como uma *retórica do neutro*: "o locutor esconde sua enunciação para melhor convencer por seu enunciado".

[84] Aqui, chama-se de presente científico o presente enunciativo, o discursivo. Conforme já se mostrou em 3.2.2.4, há textos em que o tempo da maioria dos enunciados se 'funde' ao tempo da enunciação: o presente, o agora discursivo.

parte dos locutores, da forma de se estabelecer a interlocução. Note-se que a palavra "LEITURA", em caixa alta, é uma ORIENTAÇÃO em que se supõe, obviamente, QUEM ORIENTA e QUEM É ORIENTADO.

Tem-se, no caso *supra*, a exemplo do que se mostrou a partir da página 46, um locutor (L), que, na perspectiva da produção, se institui, mesmo que implicitamente, como enunciador (Eo), na e pela atividade linguística, e sugere, determina a outrem um exercício de 'leitura' daquilo que se expõe 'a seguir'; e, por consequência, um ALOCUTÁRIO (A), que é, na perspectiva da recepção[85], (co)instituído na e pela atividade linguística como enunciatário (Ea), extensivo àquele que faz a leitura. Em síntese, tomada na condição de interação em que se apresenta, e/ou avaliada na extensão de sentido em que se constrói, no caso em questão, a palavra LEITURA transpõe-se da condição proposicional de classificação morfológica e se realiza na condição de discurso.

Isso confirma o que se disse, na seção 3.2, a respeito de ser a palavra um meio de conversão da língua em discurso, já que toda palavra enunciada em circunstância de interação verbal é discurso. Isso quer dizer que qualquer palavra, expressão, frase, texto realizados no discurso ultrapassa necessariamente o conteúdo da proposição, pois tal realização é feita por interlocutores e já contém, portanto, i) o resultado de uma 'confrontação' do enunciador/enunciatário e ii) o estado de coisas que se quer realizar e comunicar. É exatamente o que acontece com o uso da palavra LEITURA.

A seguir, em 4.1.2.3, serão mostradas as evidências de que, além de estabelecer uma interlocução numa dada condição de produção textual, a presença daquela palavra modaliza a relação enunciador/enunciatário de que se falou.

4.1.2 A construção do texto

Além das evidências de interlocução apontadas no item anterior, há, também, no texto em questão, mecanismos, operações de discursivização/textualização no âmbito da construção do texto, que apontam para a questão da modalização e da subjetividade, conforme se mostrará a seguir.

---

[85] Ressalva-se, primeiro, que, quando se trata, aqui, de 'produção' ou de 'recepção', está-se referindo a dois aspectos não exclusivos — nem excludentes — do Processo de Enunciação, a partir dos quais se referenciam os interlocutores: apresentados como locutor/enunciador e alocutário/enunciatário. Em segundo lugar, não se está referindo a um processo de comunicação cujo modelo se aproxima ao da comunicação entre máquinas: dois polos que se alternam ora passivo/ativo, ora ativo/passivo, para se efetivar uma transmissão de dados, como se o produto da comunicação fosse acabado, e cada polo apenas emitisse ou recebesse, cada um no seu turno, os referidos dados. Neste texto, pressupõe-se a concepção da *linguagem* como *atividade interativa*, como se verifica à nota 14.

4.1.2.1 A escolha dos tópicos discursivos e o seu gerenciamento

A interlocução é instituída no Texto 01, com a constituição de uma instância em que se constroem i) o enunciador, ii) o enunciatário e iii) a referência; esta, por sua vez, é constituída de um conjunto de informações a respeito dos 'Genes defeituosos' e as 'doenças causadas por eles'. Tal conjunto está organizado e distribuído em tópicos e subtópicos discursivos, dispostos segundo critérios de escolha do locutor (o que aponta para a subjetividade), em consonância com o padrão discursivo de organização de textos de caráter científico.

O 'primeiro' índice de construção do tópico discursivo neste texto e o gerenciamento dos comentários a ele relacionados se dão a partir do próprio título

48. *"Genes defeituosos causam doenças"*,

em que se seleciona, para assunto, um elemento cognitivo que se supõe existente na memória do interlocutor, *"genes defeituosos*[86]"; e, a partir dele, são construídas proposições, elaborados comentários — acerca desse assunto — que contêm elementos cognitivos novos e relevantes: *"doenças causadas por genes defeituosos"*.

A disposição, a organização do texto aponta esse trabalho dos locutores de, primeiro, invocar o tema proposto no título (*Genes defeituosos*), o domínio de discussão, e, na sequência, apresenta e comenta um rol (em última análise, a ordem de disposição de tal relação no texto é uma escolha que se fez da perspectiva da produção textual) de *doenças causadas por genes defeituosos.*

Note-se que, em primeiro lugar, se (re)apresenta[87], na introdução, a noção de gene e, retoricamente, com a pergunta e resposta de como seria *"se recebêssemos dos nossos pais genes defeituosos"*, desenvolve-se a malha tópica, subtopicalizando-se[88] e comentando-se, em cada parágrafo do texto, as *doenças causadas por genes defeituosos.*

Perceba-se que, no texto em questão, a configuração textual da ordem e forma de se expor o que se pretende é, necessariamente, resultado do processamento da ATR, que caracteriza a modalização da referência

---

[86] Salienta-se que o Texto 01 foi retirado de um capítulo cuja discussão central era a questão dos *genes.*

[87] Considere-se a nota 86.

[88] Considera-se que o tópico inicial seja *Genes defeituosos*, e *causam doenças* estabelece-se como comentário. Por isso dizer que as doenças causadas pelos genes defeituosos são subtopicalizadas na malha tópica.

discursiva: considera-se que o que se vê na materialidade textual resulta das estratégias — eleitas pelo locutor — de articulação dos tópicos e subtópicos, em função da interlocução estabelecida, o que evidencia a relação enunciador/enunciatário e, por consequência, a subjetividade manifesta no discurso e indiciada na materialidade do texto em análise.

4.1.2.2 A articulação dos tópicos e subtópicos discursivos

Muitas são as evidências da escolha e gerenciamento de tópicos, subtópicos e comentários que poderiam ser aventadas numa análise minuciosa da organização do Texto 01. Algumas, porém, são mais pertinentes a este estudo e mais satisfatórias a que se possa provar a participação do sujeito na construção da ciência e do texto científico. Serão mostrados, então, na sequência desta análise, alguns aspectos quanto à organização dos tópicos e subtópicos textuais.

Inicialmente se disse que o delocutário está circunscrito pela malha tópica 'genes defeituosos e doenças causadas por eles', que se desdobra em esclarecimentos a respeito de doenças causadas por defeitos de genes. Isso quer dizer que o objeto de discussão, o referente, se constitui de um conjunto de considerações a respeito de consequências originadas de genes defeituosos.

Veja-se, então, que o título (48) estabelece uma unidade discursiva em que *Genes defeituosos* se constitui em tópico para o qual se apresenta o comentário *causam doenças*. A partir dessa construção, gerencia-se a malha tópica e organiza-se o texto, em conformidade com o que se expõe a seguir: considere-se, por exemplo, o excerto seguinte:

> 42. *Da mesma forma que os genes determinam a cor da nossa pele, o tipo de cabelo que temos ou a forma de nosso queixo, eles são também responsáveis por várias reações químicas de nosso metabolismo, que ocorrem no interior de nossas células. Genes, em última análise, são **informações** sobre como nossas células devem agir, em termos de metabolismo.*

É visível nesse trecho, em primeiro lugar, o exercício de se construir uma noção genérica de gene, para, só depois, distribuírem-se informações específicas relacionadas a doenças causadas por genes defeituosos, segundo se observa no quadro seguinte:

UNIVERSO LINGUÍSTICO DA CIÊNCIA: SUBJETIVIDADE, INTERAÇÃO E MODALIZAÇÃO DO FAZER CIENTÍFICO

Quadro 2 – Articulação de tópicos e subtópicos discursivos

Genes									
	da mesma forma que	determinam	ou	a	cor	de pele	a nossa		
				o	tipo	de cabelo	que temos		
				a	forma	de queixo	nosso		
		são	responsáveis por	reações	várias				
					químicas				
					de metabolismo	nosso			
					que ocorrem	no interior	de células	nossas	
	em última análise	são	informações sobre	como devem agir	células	nossas			
					em termos de metabolismo				

Fonte: elaborado pelo autor

Algumas questões se fazem notar na organização do texto apresentada anteriormente, em que se (re)constrói o conceito de gene:

- Três são os comentários associados ao tópico *Genes* nesse primeiro parágrafo. Dois deles — *determinam...* e *são responsáveis...* — pertencem a um dado conjunto informacional, no qual ambos estão estabelecidos em proporção de igualdade, evidenciada pelo operador discursivo *da mesma forma*; o terceiro comentário — *são informações...* — foi introduzido pelo modalizador *em última análise*. Observe-se que, nesse trecho, as expressões '*da mesma forma*' e '*em última análise*' são escolhas textuais — promovidas pelo(s) locutor(es) — que, além de (ou mais que) sinalizarem o gerenciamento os comentários associados ao tópico *Genes*, evidenciam uma avaliação do(s) locutor(es) em relação ao que se disse. Note-se que a última frase, por exemplo, poderia ser construída usando-se apenas "*Genes são informações...*" Agora, se tais informações se apresentam em última análise, esta é uma visada do locutor; e, se o é, é, portanto, subjetiva;

- Em um aspecto discursivamente mais amplo do que apenas gerenciar tópico comentário, quer-se destacar que **GENES** são, **essencialmente**, **GENES** e, certamente, participam de um todo metabólico organizado. Agora, dizer que *Genes determinam* (*isso ou aquilo*), ou que (*da mesma forma*) *Genes são responsáveis*, ou, ainda, que (*em última análise*), *Genes são informações*[89] é fazer uma inventariação e/ou uma conceitualização, configurando-se um

---

[89] Note-se que a palavra '*informações*' foi apresentada, no texto, em **negrito**.

113

segmento — nesse caso, o segmento *GENE* — da (ou de uma) realidade (maior), organismo humano. E, como se trata da atribuição (feita por sujeitos do conhecimento) de uma propriedade a um objeto, ou do relacionamento entre objetos, realizada, por meio de palavras (expressões, frases, textos, discursos) dependentes dos falantes, e relativa ao alcance do sujeito que a fez, tem-se, nesse enunciado (considere-se o parágrafo em questão), uma forma de dizer aquilo que constitui, em princípio, uma forma de ver, de sentir, de conceber o mundo, realizada por um sujeito do conhecimento que a diz a outro sujeito. Óbvio, portanto, que há outras formas de se ver e se dizer aquela mesma realidade. Se assim o é, tem-se uma evidência de que a modalização é, em tese, indiciadora de subjetividade em textos, inclusive nos de caráter científico;

- Na organização do primeiro comentário (*determinam...*), há, também, evidentes índices da relação enunciador/enunciatário construída por quem o estabeleceu. Se se considera o que foi dito no capítulo (3.2.2.6.6.1) sobre "Os componentes ontológicos ou conteúdo proposicional", nota-se que *determinam...* 'abre' um predicado de dois lugares vazios, que, no texto em análise, são preenchidos, de um lado, por *Genes* e do outro por *cor*, *tipo* (ou) *forma*. Estes três últimos, por sua vez, criam espaços vazios que, no citado texto, são preenchidos, respectivamente, por *da nossa pele*, *de cabelo que temos* e *de nosso queixo*, todavia esses espaços poderiam ser preenchidos, por exemplo e na mesma ordem, por outros actantes como *dos nossos olhos*, *de nariz que temos*, e *nosso umbigo*. Nesse sentido, verificamos que a criação dos espaços vazios é atribuída à natureza da palavra ou vocábulo em uso, mas o preenchimento desses espaços é, certamente, escolha de quem os preencheu. E, se é escolha, é subjetivo;

- Pela mesma razão citada anteriormente, é óbvio que, no comentário construído a partir de *determinam*, o preenchimento do(s) espaço(s) vazio(s) evidenciado(s) pelo verbo é, também, responsabilidade do locutor. Note-se que o uso daqueles três (e somente três), e não de outros, actantes (tradicionalmente designados complementos verbais) faz parte do critério de escolha do locutor, já que se poderia ter dito, também, que genes determinam a nossa altura, o nosso peso, a cor dos nossos olhos, o nosso timbre de voz, o nosso grupo sanguíneo, entre outros, por exemplo.

Retomando-se o título e a sequência do Texto 01, quando se trata das doenças causadas por genes defeituosos, nota-se uma organização textual em que se evidencia a construção de subtópicos e, com isso, a participação do locutor (questão evidente de subjetividade), na forma de gerenciar a relação das doenças (existiriam outras?) apresentadas no referido texto como consequência de se ter genes defeituosos. Fala-se da presença de expressões modais que agenciam o *dizer* e evidenciam, tanto na relação enunciador/enunciatário quanto enunciador/referência, uma ordenação e/ou retomada discursiva, em casos como

41. "*O albinismo, que <u>citamos no início deste Capítulo</u>, é um bom exemplo*";

49. "*A hemofilia, <u>também citada anteriormente</u>, é outro caso bem conhecido de doença transmitida geneticamente*";

50. "*O daltonismo é <u>outro caso de</u> deficiência transmitida geneticamente*";

52. "*A hemofilia [...] é <u>muito mais frequente</u> em homens*" e "*[...] o daltonismo é **também** <u>muito mais frequente</u> em homens*".

Pode-se retomar, também, outra questão de ordem organizacional posta em evidência: estabelecida a instância que se constrói com a palavra **LEITURA**[90], os locutores organizam um conjunto de informações que apontam para a estratégia de referenciação a outras instâncias presentes no decurso do livro[91] ou fora dele. Cada referência 'erguida' no texto, por sua vez, indicia, mesmo que implicitamente, enunciadores, enunciatários e referentes estabelecidos em um tempo/espaço discursivo(s), sob determinados critérios de organização. Em suma: agregam-se instâncias outras de enunciação como partes integradas naquela e integrantes dela.

Fala-se, por exemplo, da referência à instância[92] constituída pelo **CAPÍTULO** — citado no texto — do livro em que se encontra o Texto 01, construída anterior e externamente à instância estabelecida pela palavra **LEITURA**. Neste mesmo exercício de construção, articula-se, modaliza-se um conjunto de informações em que se institui um **enunciador, (**co)

---

[90] Ressalva-se que o texto é uma instância, conforme já se disse.

[91] O livro é uma instância, como se disse na nota 78.

[92] Sabe-se que os verbos *dicendi* são uma das principais formas de se introduzir e/ou articular instâncias de enunciação. Como neste trabalho não se quer estudar especificamente os *dicendi*, optou-se por não apresentá-los na parte teórica.

institui-se um **enunciatário** e faz-se uma citação relativa ao **albinismo**[93]; assim como se institui um **enunciador**, (co)institui-se um **enunciatário** e faz-se referência à **hemofilia**; ou, ainda, constrói-se a referência ao **daltonismo**. Mais uma vez: toda escolha e/ou toda realização textual são, necessariamente, discursivas: indicia a relação enunciador/enunciatário e constrói, de uma determinada forma, jeito (isso aponta para a questão da modalização), um referente numa dada condição intersubjetiva de produção textual.

4.1.2.3 A referenciação da relação enunciador/enunciatário

Há, neste texto, um jogo de construção da relação enunciador/ enunciatário constitutivo da objetividade/subjetividade[94] linguística e de certa mobilidade enunciativa em que o enunciador **ora se esconde** —

48. *"Genes defeituosos causam doenças"*;

49. *"A hemofilia, também **citada** anteriormente, é outro caso bem conhecido de doença transmitida geneticamente"*;

50. *"O daltonismo é outro caso de deficiência **transmitida** geneticamente"*;

51. *"[...] **descobrir**, assim que uma criança nasce, que ela tem fenilcetonúria **permite** tratá-la"* —,

ora se apresenta, na forma *nós* ou por meio do pronome *nosso(a) (s)* e da terminação verbal *mos*:

41. *"O albinismo, que cita**mos** no início deste Capítulo, é um bom exemplo"*;

42. *"Da mesma forma que os genes determinam a cor da **nossa** pele, o tipo de cabelo que temos ou a forma de **nosso** queixo, eles são também responsáveis por várias reações químicas de **nosso** metabolismo, que ocorrem no interior de **nossas** células"*;

43. *"são informações sobre como **nossas** células devem agir, em termos de metabolismo"*;

---

[93] Citada no início do capítulo, conforme se mostra no texto, a referência ao albinismo e/ou à hemofilia, nesta 'instância da LEITURA', pode caracterizar-se como citação a uma outra instância, em função de que, em um capítulo, outras tantas instâncias se constituem e, por conseguinte, uma (ou mais) delas pode ser ou conter as citadas referências ao albinismo e/ou à hemofilia.

[94] Esse movimento se aproxima dos duplos: estruturação/desestruturação, transparência/opacificação presença/ausência do enunciador, apresentados à página 69.

44. *"Que tal seria se recebêsse**mos** de **nossos** pais alguns genes defeituosos?"*

Note-se, em (48) a (51), como estratégia de dissimulação, casos de ausência linguística do enunciador, o que dá ao título e às assertivas um 'tom', de objetividade e neutralidade, mesmo que aparentes. Têm-se, nesses casos, aquelas já referidas asserções em que, embora a ausência de pronomes pessoais confira uma aparente objetividade ao texto, o locutor assume o conteúdo do enunciado e se compromete com a verdade que enuncia. Além disso, vale salientar a estratégia de topicalização do referente e uso da voz passiva, em (49), (50), como forma de esconder o responsável pela ação, e/ou o uso de sujeito oracional, em (51), com o mesmo fim agora citado.

Diferentemente do que se constrói em (48), notam-se evidências formais do enunciador, e, por consequência, do enunciatário, em (41) a (44). Tem-se a forma pronominal *'nós'* em instâncias semânticas e espaços discursivos diferentes, dentro da mesma malha tópica: o sujeito do texto em pauta transita ambiguamente entre um NÓS em que se afirma a identidade dos autores empíricos do livro — em (41) — e um NÓS em que se faz constar também o leitor do texto — em (42) a (44). Note-se, nesses casos, a junção ambígua entre o 'eu' e o 'não eu': formas do *'nós--inclusivo'* — conforme se confirma de (42) a (44) —, que seria a junção do *eu* + o *você*, e o *'nós-exclusivo'* — conforme se confirma em (41) —, que seria a junção do *eu* + *ele*.

Retoma-se também, agora na relação enunciador/enunciatário, o uso da palavra "LEITURA", em caixa alta, que, por ser uma ORIENTAÇÃO, pressupõe, obviamente, QUEM ORIENTA e QUEM É ORIENTADO, o que, nesse caso, é um exemplo de referenciação da relação enunciador/enunciatário, em que um locutor (L) se institui enunciador (Eo) e sugere a outrem um exercício de 'leitura' daquilo que se expõe a seguir; e, por consequência, um <u>ALOCUTÁRIO</u> (A), (co)instituído enunciatário (Ea), aponta, extensivamente àquele que faz a leitura.

Ainda se constrói a relação enunciador/enunciatário no trecho

49. *"A hemofilia, <u>também citada anteriormente</u>, é outro caso bem conhe-cido de doença transmitida geneticamente [...]",*

já que a forma verbal *'citada'* põe em evidência <u>QUEM</u> cita <u>A QUEM</u>, isto é, um locutor/enunciador a um ALOCUTÁRIO/ENUNCIATÁRIO.

Outro caso se dá com a pergunta:

53. *"o que é exatamente a fenilcetonúria?"*

Ao trazer para o texto esta pergunta, o locutor transita ambiguamente na instância de enunciação: embora ele seja o 'dono' da voz que fala, constrói-se, retoricamente, a citada pergunta pela perspectiva do alocutário, o que torna evidente a relação enunciador/enunciatário na interação linguística.

Outro caso evidente de construção da relação enunciador/enunciatário se dá na instituição explícita do alocutário, com uma identidade autônoma no processo de alocução, por meio do a) 'você', b) da forma verbal, correspondente à segunda pessoa indireta, e c) da interrogação em

45. *"No daltonismo — você se lembra? — falta um dos tipos de cones,* células relacionadas com a *vis*ão das cores";

46. *"Você* já *ouviu falar do teste do pezinho?"*

Ressalva-se que, embora o livro de onde se retirou este texto seja 'destinado' a alunos da sétima série do ensino fundamental e preveja uma situação de interação mediada por um professor, o *'você'* envolve qualquer um que ler o texto.

4.1.2.4 O processamento dêitico e a referenciação da relação Eo/Ea

Inicialmente, poder-se-ia dizer, apenas, que, relacionados os dêiticos de pessoa, o Texto 01 se constrói em consonância com o seguinte quadro: a) um locutor que não se manifesta na forma pronominal *eu*, mas ora o faz na forma *nós*, por meio do pronome *nosso(a)(s)* e da terminação verbal *mos*; ora se esconde na passividade verbal; b) um alocutário, ora marcado, explicitamente, com o pronome *você*; ora evidenciado em perguntas que se estabelecem no decorrer do texto; ora no uso do imperativo verbal; ou, ainda, nos próprios pronomes de primeira pessoa do plural *nosso*, *nossa(s)* e na terminação verbal *mos*.

No entanto, uma análise mais acurada evidencia uma organização discursiva mais complexa. Note-se, por exemplo, que, em expressões como

42. *"Da mesma forma que os genes determinam a cor da nossa pele, o tipo de cabelo que temos ou a forma de nosso queixo, eles são também responsáveis por várias reações químicas de nosso metabolismo, que ocorrem no interior de nossas células";*

UNIVERSO LINGUÍSTICO DA CIÊNCIA: SUBJETIVIDADE, INTERAÇÃO E MODALIZAÇÃO DO FAZER CIENTÍFICO

43. "*são informações sobre como* nossas *células devem agir, em termos de metabolismo*";

44. "*Que tal seria se recebêssemos de* nossos *pais alguns genes defeituosos?*";

locutor e alocutário são enleados discursivamente no e pelo '*nós*'. Ressalva-se, porém, que, com esse mecanismo, coloca-se o alocutário na instância do locutor, e a ambos se estende um mesmo "ponto de subjetivação[95]". Isso confirma o princípio, apresentado à página 44, de que o sujeito se concebe no dinamismo entre identidade e alteridade, está marcado pela incompletude e busca na alteridade a sua completude, ou seja, o sujeito-enunciador se constrói ao construir o outro, o enunciatário. E, colocados, locutor e alocutário, num só ponto de subjetivação, a identidade subjetiva que se constrói amplia-lhes os limites fronteiriços e os integra numa só unidade.

Nesse tipo de interlocução, com esse modo de dizer, o locutor interpela o alocutário e o coloca numa condição enunciativa em que este também se faça sujeito, situado num lugar de comunhão de crenças e de verdades científicas aparentemente objetivas e idênticas a todos. E essa identificação com todas as pessoas, comuns a este lugar, cria um sentimento de objetividade, sustentado pela condição de semelhança humana, responsável pela construção da autonomia/dependência do sujeito, conforme afirma Morin (1996), citado à página 28.

Outras são as evidências dêiticas que apontam para a relação Eo/Ea:

41. "*O albinismo, que cita***mos** *no início de***ste** *Capítulo, é um bom exemplo*";

45. "*No daltonismo —* **você** *se lembra? — falta um dos tipos de cones,* células relacionadas com a *visão das cores*";

46. "**Você** já **ouviu falar** *do teste do pezinho?*";

47. "**Veja** *o perigo:*".

Note-se que, diferentemente do que se vê em (42), (43) e (44), em (41), (45) e (46) as identidades a que os dêiticos de pessoa apontam são autônomas, apontam para pontos diferentes de subjetivação, corres-

---

[95] Esta expressão é usada por Deleuze e Guattari (1980 *apud* Brandão, 1998b, p. 54). Referência a: DELEUZE, Gilles; GUATTARI, Fêlix. Postulates de la linguistique; Sur quelques régimes des signes. *In*: DELEUZE, Gilles; GUATTARI, Fêlix. *Capitalisme et schizophrénie: Mille Plateaux*. Paris: Minuit, 1980.

pondentes ora ao locutor/enunciador, ora ao alocutário/enunciatário. Ressalva-se, ainda, a presença do dêitico espacial **_este_** que referencia o capítulo que estiver sendo lido pelo alocutário.

Agora, considere o quadro a seguir, a título de se observar o que se disse, na seção 3.2.2.4, a respeito da referência discursiva e da organização de elementos dêiticos em torno de um dado, de um determinado vocábulo, naquele caso, o verbo _resolver_[96]:

Quadro 3 – Articulação de tópicos e subtópicos discursivo 2

Genes	determinam	ou	a	cor	de pele	a nossa
			o	tipo	de cabelo	que temos
			a	forma	de queixo	nosso

Fonte: elaborado pelo autor

À semelhança daquele exemplo (**_O_** professor d**_a_** Universidade resolv**_eu_** **_a_** questão), na construção deste primeiro parágrafo do Texto 01, são necessários, para preencher os 'espaços vazios' criados pelo verbo _determinar_, os elementos (actantes) _Genes_, _cor de pele_, _tipo de cabelo_ e _forma de queixo_. Os outros elementos são "_dêiticos_", que colocam em evidência uma situação de enunciação em que aquilo que está escrito se relaciona com quem escreve e com quem lê. Note-se que a expressão _cor de pele_ passa, na referida sentença, a "_a cor da nossa pele_". E, nesse caso, os elementos em destaque (entre parênteses) são dêiticos 'franqueados' no momento da enunciação e relacionados à particularidade da interação e, por conseguinte, da construção da relação enunciador/enunciatário e do discurso. Nessa mesma estratégia, constroem-se, também, "_o tipo de cabelo que temos_" e "_a forma do nosso queixo_".

Eis, então, a evidência de que todo enunciado é modalizado de maneira tal que se põe em evidência a relação enunciador/enunciatário, e, consequentemente, a subjetividade, característica da linguagem, se realiza em toda construção textual, até mesmo em textos de caráter científico.

4.1.2.5 A modalização do conteúdo referenciado

Além do que se afirmou a respeito das relações evidenciadas com o uso da palavra "LEITURA" e dos pronomes '_nós_' (e variações) e '_você_', ou, ainda, com a construção do título e da passividade verbal, identificam-

---

[96] Ver página 84.

-se, no domínio da relação enunciador(es)/enunciatário(s), estratégias de modalização envolvidas no processo de construção da referência e da subjetividade científica do texto em questão.

Fala-se do uso de advérbios e/ou elementos modalizadores do que se expressa no enunciado. São construtos textuais que, além de garantir a organização (a coesão) do texto, evidenciam a posição que o(s) sujeito(s) ocupa(m) em relação ao domínio de objetos de que fala(m)/escreve(m). Neste sentido, são perceptíveis:

a. **O uso de analogia ou comparação:**

42. "*Da mesma forma que os genes determinam a cor da nossa pele, o tipo de cabelo que temos ou a forma de nosso queixo, eles são também responsáveis por várias reações químicas de nosso metabolismo*";

54. "*[...] já que o coágulo funciona como uma rolha que tampa nossos vasos sanguíneos lesados [...]*";

55. "*A exemplo da hemofilia, o daltonismo é também muito mais frequente em homens*".

b. **Uma postura ou orientação do enunciador acerca do que se enuncia:**

41. "*O albinismo, que citamos no início deste Capítulo, é um bom exemplo*";

56. "*Genes, em última análise, são informações sobre como nossas células devem agir, em termos de metabolismo*";

57. "*Nossas células, nesse caso, estariam recebendo informações errôneas [...]*";

58. "*suas células simplesmente não sabem fazer o pigmento melanina*";

59. "*[...] afinal, a coagulação é um mecanismo de proteção, já que o coágulo funciona como uma rolha [...]*".

c. **A enfatização do conteúdo comunicativo:**

49. "*A hemofilia, também citada anteriormente, é outro caso bem conhecido de doença [...]*";

60. "*[...] nesses casos, seu desenvolvimento ocorre de forma totalmente normal*".

Note-se, também, a presença de negrito em trechos do texto, quais sejam:

56. *"Genes, em última análise, são **informa**ções sobre como nossas células devem agir"*;

57. *"[...] recebendo informações **errôneas** sobre como se comportar [...]"*;

58. *"suas células simplesmente **não sabem** fazer o pigmento melanina"*.

Percebe-se, então, que as construções linguísticas supra-apresentadas, além de ordenar, hierarquizar, ligar, fazer fluir a organização textual, invocam a atenção do interlocutor — para que o contato textual não se perca —, balizam o discurso, orientam a interpretação, o que, em última análise, indicia a presença do sujeito enunciador, a sua relação com o enunciatário e com o objeto que enuncia, e aponta para determinadas concepções subjetivas do objeto ou do domínio discursivo em que o enunciador, o enunciatário e o referente aparecem modalizados.

4.1.3 A construção dos enunciados

A construção dos enunciados em textos científicos está diretamente relacionada à realização das modalidades alética, apreciativa, lógica ou epistêmica, pragmática ou cognitiva, deôntica.

São comuns, no Texto 01, asserções, afirmações, declarações do tipo

48. *"Genes defeituosos causam doenças"*;

49. *"A hemofilia é outro caso bem conhecido de doença transmitida geneticamente"*;

50. *"O daltonismo é outro caso de deficiência transmitida geneticamente"*;

56. *"Genes são informações sobre como nossas células devem agir [...]"*;

61. *"O Gene **A** contém a informação sobre como as células devem proceder para fabricar melanina, enquanto o gene **a**, não"*;

62. *"Pessoas albinas têm a pele muito sensível à luz"*;

em que se tem a presença dos chamados enunciados universais da modalidade alética, percebidos em realizações específicas que os exprimem ou que implicam as palavras *'sim'* (*"O Gene **A** contém..."*) e/ou *'não'* (*"... o gene **a** não contém)"*, afirmando, positiva ou negativamente, uma proposição que, além de ser a "manifestação mais comum da presença do locutor", visa a comunicar uma certeza.

Também são perceptíveis, em alguns dos enunciados das linhas anteriores, características da modalidade apreciativa. Por exemplo, em:

49. "*A hemofilia é outro caso bem conhecido de doença transmitida geneticamente*";

50. "*O daltonismo é outro caso de deficiência transmitida geneticamente*";

62. "*Pessoas albinas têm a pele muito sensível à luz*".

Nestes há uma apreciação de quem enuncia. Note-se que a hemofilia é uma dita doença, no entanto dizer que esta é outro caso ou que é bem conhecido é apreciar (subjetivamente) aquilo que está na pauta da enunciação.

Ainda na pauta da apreciação, pode se relacionar, entre outros exemplos possíveis, a alusão implícita à conveniência, à importância, à necessidade de se descobrir a 'fenilcetonúria' quanto antes, para que se possa controlá-la. No trecho

51. "*descobrir, assim que uma criança nasce, que ela tem fenilcetonúria permite tratá-la*",

tem-se, em outras palavras, uma construção tal em que se suponha ser importante fazer o 'teste do pezinho' assim que a criança nasça, para que esta, descoberta a fenilcetonúria, possa ser tratada com uma dieta adequada.

Os exemplos aventados, entre outros, indiciam condições de enunciação que traduzam algum julgamento subjetivo de quem enuncia e, por isso, constrói expressões, como as apresentadas anteriormente, que são típicas da modalidade apreciativa e por meio das quais se evidencia a condição de ser importante, ser necessário, ser conveniente àquilo que se enuncia.

Também se pode apontar, na relação com a construção dos enunciados, a presença da modalidade epistêmica em enunciados, como

63. "[...] *isso poderia trazer problemas mais ou menos graves*";

64. "[...] *qualquer hemorragia pode ser mortal*";

65. "*Assim, o daltônico pode confundir cores como vermelho e verde, ou verde e marrom*".

Eis alguns casos em que o uso do auxiliar 'poder' evidencia algum julgamento do locutor quanto ao valor de verdade das proposições: a certeza, a possibilidade ou a probabilidade de realização do que se enuncia.

Quanto à modalidade pragmática, observe, por exemplo, que, em

61. "*O Gene **A** contém a informação* sobre como <u>*as células* **devem proceder**</u> *para fabricar melanina, enquanto o gene **a**,* não";

66. "*Quando a pessoa herda tanto de seu pai como de sua mãe o gene a, causador de albinismo, suas células* <u>*simplesmente* **não sabem fazer**</u> *o pigmento melanina*";

67. "*Os hemofílicos apresentam uma variedade defeituosa desse gene. Por esse motivo,* <u>*seu sangue* é incapaz de *se coagular*</u>",

são visíveis as evidências de posicionamento do locutor em relação ao processo de que outros são agentes, se se considera a presença auxiliares tradutores de capacidade de ação (poder fazer), de intenção (querer fazer) e/ou razão/obrigação (dever fazer), típicos da modalidade pragmática ou cognitiva. Uma ressalva, porém, é importante na realização do texto em análise: note-se que, dado o esforço, característico do discurso científico, de se evitar os índices de pessoa e de se objetivar a referência, a avaliação do *poder fazer*, do *querer* e do *dever*, é atribuída a coisas. Nos trechos destacados, <u>*células*</u> é que <u>*não sabem fazer*</u>, ou <u>*devem proceder*</u>; ou, ainda, <u>*sangue é incapaz de*</u>. Portanto, além da presença da modalidade pragmática ou cognitiva, tem-se a objetivação do referente, característicos do discurso da ciência.

A modalidade *deôntica* também é indiciada na materialidade do Texto 01. Em

68. "*Pessoas hemofílicas* <u>*precisam receber*</u> *durante toda a vida transfusões de sangue de outras pessoas, ou pelo menos a substância que permite a coagulação* [...]",

é evidente, por meio da expressão verbal <u>*precisam receber*</u>, a avaliação do locutor quanto aos valores sociais de permissão, necessidade, desejo etc. característicos dessa referida modalidade.

Da mesma forma, há outros trechos em que se nota a participação do locutor na construção das evidências da sua relação com o enunciatário e/ou com a referência. Em

47. "*Veja o perigo:* [...]";

45. "*No daltonismo — você se lembra?*";

46. "*Você já ouviu falar do teste do pezinho?*";

53. "*O que é exatamente a fenilcetonúria?*",

tem-se, no primeiro caso (47), a presença da intimação, que é percebida em categorias como o imperativo, e que implica uma "relação viva e imediata" do locutor/enunciador ao alocutário/enunciatário, numa referência necessária ao tempo da enunciação. Já nos três últimos casos (45, 46 e 53), está evidente a construção da *interrogação*, numa condição tal que suscita uma resposta do alocutário em relação ao que se diz ou se pergunta. É o que se chamou de pergunta retórica, em que o sujeito enunciador se constrói tanto da perspectiva da produção quanto da recepção textual, ou, em outras palavras, enunciador e enunciatário se constroem em um mesmo ponto de subjetivação.

4.2 Texto 02: Causas de doenças genéticas

CAUSAS DE DOENÇAS GENÉTICAS*

CAPÍTULO 2 – PROBABILIDADE, GENÉTICA MOLECULAR E ACONSELHAMENTO GENÉTICO – P. 47

(Excerto)

[...]

Além dos antecedentes familiares de doenças genéticas, quando se trata da mulher o especialista leva em conta também a sua idade, uma vez que a partir dos 35 anos a gravidez aumenta a chance de problemas transmitidos ao filho, devido a alterações nos cromossomos. Uma dessas alterações é a síndrome de Down, causada pela presença de um cromossomo 21 extra e que provoca na criança deficiência mental, problemas cardíacos, baixa resistência a infecções, etc.

Algumas doenças podem ser diagnosticadas, ainda no feto, pela ultra-sonografia (exame que indica sinais comuns aos portadores de anomalias cromossomiais, como um excesso de pele na nuca e uma prega na palma da mão); por exames de sangue da mãe (uma baixa concentração de certos hormônios, como a beta-gonado-trofina coriônica, pode indicar anormalidades no feto); pela amniocentese (uma amostra do líquido amniótico é coletada com uma seringa e os cromossomos da célula do feto são analisados); pela biópsia vilo-corial (são coletadas células do tecido que forma a placenta); pela cordocentese (são retiradas amostras do sangue do cordão umbilical).

A identificação do gene permite desenvolver testes para a detecção precoce da doença. Isso é importante para casais com alto risco de gerar filhos com doenças hereditárias graves, e também para o indivíduo que herdou o gene. Muitas vezes o gene apenas predispõe a uma doença, porém se a pessoa tomar certas precauções a doença poderá ser evitada. É o caso do gene que predispõe ao câncer de pulmão. Sua presença não provoca necessariamente a doença, mas o portador dispõe de mais chance de tê-la — principalmente se fumar. Do mesmo modo, mulheres com propensão para câncer de mama (que tiveram casos de câncer na família, por exemplo) devem realizar exames periódicos com mais frequência. Convém lembrar que a maioria dos tipos de câncer é curável se for detectada a tempo.

Mesmo que o gene provoque a doença, esta às vezes pode ser evitada, como ocorre na fenilcetonúria, causada pelo acúmulo do aminoácido fenilalanina no sangue. Parte da fenilalanina que ingerimos é usada na produção de proteínas; outra parte é transformada em tirosina, que, por sua vez, pode se tornar melanina, o pigmento que dá cor à pele. Algumas pessoas, no entanto, possuem um gene recessivo que não fabrica a enzima para essa transformação.

O gene recessivo causador da fenilcetonúria localiza-se no cromossomo 12 e é encontrado em cerca de uma em cada 25000 pessoas. Se uma criança tiver esse gene em dose dupla, e se isso não for detectado logo após o nascimento, a fenilalanina acumula-se no sangue, provocando lesões cerebrais, problemas neurológicos, atrasos no desenvolvimento físico e deficiência mental. Por isso, os recém-nascidos são submetidos a um teste de laboratório para diagnosticar a doença. Se for positivo, o médico prescreve uma dieta pobre em fenilalanina. A criança deve evitar também o consumo de adoçantes à base de aspartame, que contêm fenilalanina.

Embora a fenilcetonúria seja evitada por uma dieta especial, o gene defeituoso continua presente no organismo e pode ser passado para os filhos. No futuro, porém, a doença pode vir a ser eliminada pela terapia gênica: neste caso, o gene defeituoso é substituído por um gene normal, corrigindo definitivamente o problema.

[...]

(Gewandsznajder; Linhares, 1998, p. 47)

4.2.1 A construção da situação de interlocução

O estabelecimento da análise do Texto 02 se dá em consonância com as questões relacionadas à construção da situação de interlocução e mostradas na análise do Texto 01. Serão observados, então, os mecanismos de textualização que indiciam, discursivamente, a) a escolha do meio de circulação do texto; b) a adequação desse texto a um determinado gênero/tipo textual; c) o tipo de interlocução estabelecido; entre outros fatores.

4.2.1.1 A escolha do meio de circulação do texto

A exemplo do que se disse na análise do Texto 01, este texto, também escrito para estudantes (neste caso, terceira série do ensino médio), é parte integrante de um o livro, e este (o livro) obedece a uma determinada prática de discurso e é formatado com base em preceitos mercadológicos e de circulação. Então, dada a escolha deste veículo — que é indiciado no texto —, é evidente que a organização do Texto 02, a disposição das suas partes, também manifesta o modo de realização discursiva estabelecido pelos interlocutores nessa prática de discurso, e, por consequência, a modalização da relação enunciador/enunciatário/referente.

Apesar de, na microestrutura do Texto 02, não se apresentarem evidências que apontem para o veículo de circulação (lembre-se que, no Texto 01, a palavra 'capítulo' apareceu no corpo do texto), e, mesmo que este texto seja apenas trecho de um texto maior, é visível que este excerto traz uma organização, uma formatação, que evidencia a estrutura de um livro. Veja-se, por exemplo, que as informações de cabeçalho ("*Capítulo 2 – Probabilidade, genética molecular e aconselhamento genético*") ou, ainda, a própria paginação (47) são referências macrotextuais que evidenciam a configuração de um livro. E o ajustamento do texto em questão à forma de organização do livro é, também, uma escolha (necessidade) do sujeito enunciador e, por conseguinte, um índice de referenciação da relação enunciador/enunciatário/referente.

Então, amoldar-se um texto, formatá-lo, mesmo que para atender a determinadas normas de publicação a que se deve submeter quem ensejar acesso a um determinado veículo de publicação, é construir-se de acordo com uma determinada prática discursiva, é fazer-se sujeito nas condições construídas por essa prática. E essa prática de 'assujeitamento' pode ser evidenciada na materialidade linguística do texto e, por sua vez, evidenciar o processo de construção enunciador/enunciatário/referente de textos científicos.

4.2.1.2 A escolha do gênero/tipo textual

Já se mostrou, na análise do Texto 01, que o esforço dos locutores em adequar o texto ao gênero textual a que este pertence — a exemplo, no nosso caso, do científico — é questão relevante no âmbito da construção da situação de interlocução, já que todo esse trabalho de modalização textual é uma demonstração, em última análise, do exercício de sujeitos discursivos, o que, obviamente, coloca em estudo a questão da subjetividade científica indiciada pelo e no processamento de modalização textual que coloca em evidência a relação enunciador/ enunciatário/referente.

Da mesma forma que se apontou o trabalho de construção do domínio científico no Texto 01, percebe-se, neste Texto 02, que as representações mobilizadas pelos locutores se organizam em referência às coordenadas gerais dos textos do tipo dissertativo/expositivo. Os fatos referenciados são apresentados como comuns e acessíveis ao mundo ordinário dos interlocutores da interação e não narrados. Em outras palavras, tem-se um texto construído não na ordem da narração, mas na ordem da exposição[97] — o que caracteriza o tipo dissertativo/expositivo que distingue o texto/discurso científico, como se nota em

69. *"Além dos antecedentes familiares de doenças genéticas, quando se trata da mulher o especialista leva em conta também a sua idade [...]"*;

70. *"A identificação do gene permite desenvolver testes para a detecção precoce da doença. Isso é importante para casais com alto risco de gerar filhos com doenças hereditárias graves [...]"*;

71. *"Parte da fenilalanina que ingerimos é usada na produção de proteínas"*.

Pode-se, ainda, perceber, nos trechos supradestacados, uma característica marcante do tipo textual em questão, e evidente no Texto 02: a dominância do 'presente enunciativo' ou 'presente científico' — de que se falou na análise do Texto 01, em 4.1.1.2, o que aponta tanto para a cientificidade do texto em análise como para a subjetividade evidente nesse tipo

---

[97] Para a noção dos mundos da ordem do narrar e do expor, ver Bronckart (1999, p. 150-164).

de interação, já que, nessa condição de interlocução, o uso do presente da enunciação manifesta a escolha do locutor em enunciar de modo tal a se construir sujeito, nessa prática de discurso, de um lugar relativo ao que socialmente se concebe ao 'sujeito científico'.

Outra importante evidência desse trabalho subjetivo de adaptação do texto ao gênero/tipo escolhido pelo(s) interlocutor(es) do Texto 02 é o perceptível esforço do(s) locutor(es) para que se faça 'falar' o referente e se tornem menos evidentes as marcas de interação e a participação do sujeito que fala (leia-se: marcas de subjetividade), o que daria a impressão de objetividade daquilo que se enuncia.

Há, além dos exemplos já aventados neste capítulo, uma série de evidências das estratégias de enunciação por meio das quais o locutor omite a sua presença e dá 'voz' ao referente, neste Texto 02. Dessas, pode-se destacar o <u>uso da passiva</u> e/ou <u>omissão do agente</u>, em passagens como (72), (73), (74) e (75), e <u>a tematização do referente</u>, em (70), (72), (73) e (74), destacados a seguir:

70. "<u>*A identificação do gene*</u> *permite desenvolver testes para a detecção precoce da doença*";

72. "<u>*Algumas doenças*</u> <u>*podem ser diagnosticadas,*</u> *ainda no feto, pela ultra--sonografia* [...]; *por exames de sangue da mãe* [...]; *pela amniocentese* [...]; *pela biópsia vilo-corial* [...]; *pela cordocentese* [...]";

73. "*Mesmo que* <u>*o gene*</u> *provoque a doença,* <u>*esta*</u> *às vezes* <u>*pode ser evitada,*</u> *como ocorre na fenilcetonúria,* <u>*causada*</u> *pelo acúmulo do aminoácido fenilalanina no sangue*";

74. "<u>*O gene recessivo*</u> *causador da fenilcetonúria* <u>*localiza-se*</u> *no cromossomo 12 e é encontrado em cerca de uma em cada 25000 pessoas* [...]";

75. "*Convém lembrar que* <u>*a maioria dos tipos de câncer*</u> *é* <u>curável</u> *se* <u>*for detectada*</u> *a tempo*".

Comparativamente ao Texto 01, o que explica a menor presença de marcas interlocução no Texto 02, mesmo que este pertença ao mesmo gênero/tipo daquele, é a relação enunciador/enunciatário/referente: conforme se mostrou na análise do Texto 01, a imagem que o locutor faz do seu alocutário e a relação deste (o alocutário) com o objeto a que faz referência determinam o processo de discursivização, nos níveis morfológico sintático e semântico-discursivo.

Eis uma comprovação de que a estratégia, o modo de referenciação da relação enunciador/enunciatário/referente é uma evidente forma de constituição da subjetividade, já que todas as escolhas textuais são estratégias de modalização construídas pelos sujeitos discursivos, tendo-se em vista tanto a condição de produção textual em que se realizam as atividades de interação, edificadas pelos dois textos até aqui analisados, quanto o gênero em que esses textos se constroem.

4.2.1.3 O estabelecimento da interlocução

Parece óbvio dizer que o Texto 02 evidencia a implementação de uma a interlocução no processamento discursivo, em que coexistem a) um locutor (L) — coextensivo aos autores do livro —, que se institui como enunciador (Eo) na e pela atividade linguística; b) um alocutário (A) — coextensivo a quem lê o livro, mais especificamente aos estudantes da terceira série do ensino médio —, (co)instituído na e pela atividade linguística como enunciatário (Ea); c) uma referência (R), ou um conjunto de referências constituído a partir da necessidade/desejo do locutor e do alocutário de falarem sobre as 'causas de doenças genéticas', um assunto determinado pela prática discursiva da sala de aula, orientada por um professor.

Nesse sentido, é possível que o(s) locutor(es) utilizem evidentes estratégias de 'mascaramento' do sujeito enunciador, usando-se da voz da passiva e/ou da omissão do agente, em passagens como

72. *"Algumas doenças podem ser diagnosticadas, ainda no feto, pela ultra--sonografia [...]; por exames de sangue da mãe [...]; pela amniocentese [...]; pela biópsia vilo-corial [...]; pela cordocentese [...]"*;

73. *"Mesmo que o gene provoque a doença, esta às vezes pode ser evitada, como ocorre na fenilcetonúria, causada pelo acúmulo do aminoácido fenilalanina no sangue"*;

74. *"O gene recessivo causador da fenilcetonúria localiza-se no cromossomo 12 e é encontrado em cerca de uma em cada 25000 pessoas [...]"*;

***

70. *"A identificação do gene permite desenvolver testes para a detecção precoce da doença"*;

75. *"Convém lembrar que a maioria dos tipos de câncer é curável se for detectada a tempo".*

Mas é claro que, embora o sujeito enuncie de um lugar de saber instituído, se contenha nos limites preestabelecidos da 'verdade' científica (característica principal do discurso técnico-científico), ou precise privar o texto/discurso de traços de subjetividade para que seu *Dizer* se revista de um aspecto de fala apropriada à ciência, a presença da relação enunciador/enunciatário é um axioma.

Nessa condição, mesmo que o '*eu*' da enunciação não esteja manifesto na forma pronominal EU, no trecho inicial

69. *"Além dos antecedentes familiares de doenças genéticas, quando se trata da mulher o especialista leva em conta também a sua idade [...]",*

há a sua evidência diluída num '*nós*' ambivalente, em

71. *"Parte da fenilalanina que ingerimos é usada na produção de proteínas; outra parte é transformada em tirosina, que, por sua vez, pode se tomar melanina, o pigmento que dá cor à pele",*

cuja referência se constitui tanto da perspectiva do locutor quanto do alocutário. Então, é óbvio que a referenciação da relação enunciador/enunciatário, apesar do esforço de se esconder o '*eu*' e o '*tu*' discursivos, comprova o estabelecimento da interlocução.

Ressalva-se que, naquela condição de ambivalência do sujeito que fala, este se instala, no discurso, como locutor ou sujeito da enunciação científica (sujeito do saber), para anunciar as causas de doenças genéticas, por um lado; e, por outro, coloca-se — também o faz com o alocutário — num lugar de comunhão de verdades científicas e se identifica com todas as pessoas comuns a este lugar: pessoas que ingerem fenilalanina e 'transformam' uma parte desta em proteínas e, outra, em tirosina.

Ter-se-ia, nessa ambivalência, segundo Pêcheux (1975 *apud* Brandão, 1998b, p. 60)[98], um desdobramento na constituição do sujeito do discurso em a) "'locutor' ou 'sujeito' da enunciação que se responsabiliza pelos conteúdos postos" e b) "Sujeito dito universal, sujeito da ciência ou que se considera como tal". Neste caso, cria-se um sentimento de objeti-

---

[98] Referência a: PÊCHEUX, Michel. *Les vérités de la Palice.* Paris: Maspero, 1975.

vidade, sustentado pela condição de semelhança humana, responsável pela construção da autonomia/dependência do sujeito, conforme afirma Morin (1996), citado à página 28 deste livro.

4.2.2 A construção do texto

A exemplo do que se mostrou na análise do Texto 01, no texto em questão também há mecanismos, operações de discursivização/textualização no âmbito da construção do texto, que apontam para a questão da modalização e da subjetividade, conforme se mostrará a seguir.

4.2.2.1 A escolha dos tópicos discursivos e o seu gerenciamento

Na análise do Texto 01, mostrou-se que naquele texto o delocutário se fez circunscrito pela malha tópica '*genes defeituosos e doenças causadas por eles*', que se desdobrou em esclarecimentos a respeito de *doenças causadas por defeitos de genes*. Evidenciou-se que, na constituição da ATR daquele texto, há um conjunto de considerações a respeito de consequências originadas por *genes defeituosos*, que foi o tópico, objeto de discussão, o principal referente daquela interação. Em outras palavras, estabeleceu-se, naquele texto, uma unidade discursiva, construída de forma tal que '*Genes defeituosos*' se fez tópico para o qual se apresentou o comentário '*causam doenças*'. E tais doenças foram subtopicalizadas na construção do texto.

Note-se que, na construção/organização do Texto 02, é óbvia a constituição da instância de enunciação em que, além da construção da relação enunciador/enunciatário, organiza-se a referência, de forma tal que esta se estabelece como um conjunto de informações a respeito das 'causas de doenças genéticas'. É esperado que tal conjunto esteja organizado e distribuído em tópicos e subtópicos discursivos, dispostos segundo critérios de escolha do locutor (o que aponta para a subjetividade), em consonância com o padrão discursivo de organização de textos de caráter científico.

Tem-se, então, no Texto 02, uma complexa organização da Malha Tópica que constrói e dispõe o já citado conjunto de informações relativas às causas de doenças genéticas. Nesta seção, serão arrolados alguns exemplos que evidenciem o gerenciamento da Articulação Tema-Rema.

Por se tratar de um excerto, é perceptível que, no início do texto (considere-se o primeiro enunciado do primeiro parágrafo)

69. *"Além dos antecedentes familiares de doenças genéticas, quando se trata da mulher o especialista leva em conta também a sua idade, uma vez que a partir dos 35 anos a gravidez aumenta a chance de problemas transmitidos ao filho, devido a alterações nos cromossomos. Uma dessas alterações é a síndrome de Down, causada pela presença de um cromossomo 21 extra e que provoca na criança deficiência mental, problemas cardíacos, baixa resistência a infecções, etc."*,

há evidências de que já se faz presente na MT um elemento motivador do enunciado, que assume uma extensão que suplanta o nível de construção de sentença e, visto na unidade discursiva, é parte construtora da ATR. Trata-se do **tópico** '*doenças genéticas*', que, evidentemente, foi motivo de **comentário** relacionado à sua existência hereditária, já que, no trecho

69. *"Além dos antecedentes familiares de doenças genéticas, quando se trata da mulher o especialista leva em conta também a sua idade* [...]"*,

"os antecedentes familiares de doenças genéticas" aparece definido com o dêitico '**os**', numa situação de uso que já supõe a existência da relação enunciador/enunciatário e a topicalização de doenças genéticas, em algum outro segmento da organização textual. No trecho citado, o referido comentário aparece associado (somado) a outro (*a idade da mulher*), por meio do articulador '*além de*'. Isso faz significar que *o especialista leva em conta a idade da mulher e os antecedentes familiares de doenças genéticas.*

Todavia, é importante perceber que, discursivamente, recorreu-se ao que já se dissera a respeito de doenças genéticas, e considerou-se o comentário relacionado à sua existência hereditária para se construir toda essa referência ao especialista no tratamento com a mulher, em que tanto *a idade desta* quanto os seus *antecedentes familiares de doenças genéticas* são levados em conta,

69. *"[...] uma vez que a partir dos 35 anos a gravidez aumenta a chance de problemas transmitidos ao filho, devido a alterações nos cromossomos".*

Um outro fato deve ser considerado na escolha organização dos tópicos discursivos. Note-se que em cada nova topicalização (considere-se o início de cada parágrafo), a exemplo do que se vê em

70. *"A identificação do gene permite desenvolver testes para a detecção precoce da doença"*;

72. "*Algumas doenças podem ser diagnosticadas, ainda no feto* [...]";

73. "*Mesmo que o gene provoque a doença, esta às vezes pode ser evitada* [...]";

74. "*O gene recessivo causador da fenilcetonúria localiza-se no cromossomo 12* [...]";

76. "*Embora a fenilcetonúria seja evitada por uma dieta especial, o gene defeituoso continua presente no organismo e pode ser passado para os filhos*",

põe-se o objeto de discurso em evidência: faz-se desse objeto o Tema do enunciado. Isso caracteriza o texto/discurso científico e, também, indicia o trabalho realizado pelo sujeito discursivo para se construir e modalizar o seu discurso de acordo com a prática discursiva em que está inserido. Eis porque a modalização é, certamente, um mecanismo de indiciação do sujeito enunciador e, por conseguinte, da subjetividade do discurso construído por esse sujeito, mesmo em texto científico.

4.2.2.2 A articulação dos tópicos e subtópicos discursivos

Sem se pretender explorar, exaustivamente, a forma como se dá a organização da Malha Tópica e/ou a Articulação Tema-Rema, quer-se, nesta seção, mostrar como a articulação dos tópicos e subtópicos discursivos, ou a ATR simplesmente, evidencia a participação do sujeito falante/escrevente em tudo o que se fala/escreve, inclusive em textos científicos: os ditos objetivos.

Nesse sentido, pode-se aventar, no processamento da ATR, articuladores textuais que são usados em funções de organização da materialidade linguística, entre as quais se pode citar: a) a promoção da continuidade textual, b) a realização da cisão, e/ou explicitação dos enunciados do texto, c) a organização lógico-argumentativa do texto e d) a exploração de segmentos textuais e/ou de procedimentos de referência a outras partes do texto.

Veja-se, por exemplo, que no primeiro parágrafo — recortado anteriormente — os trechos

69. "*Além dos antecedentes familiares de doenças genéticas* [...]";

77. "*Uma dessas alterações é a síndrome de Down*";

ou, ainda,

70. *"A identificação do gene permite desenvolver testes para a detecção precoce da doença. Isso é importante para casais com alto risco de gerar filhos com doenças hereditárias graves, e também para o indivíduo que herdou o gene"*;

78. *"É o caso do gene que predispõe ao* câncer de pulmão";

79. *"Do mesmo modo, mulheres com propensão para câncer de mama* [...]",

entre outros casos, expõem a presença de operadores discursivos que, além de se incluírem na relação dos marcadores que promovem a continuação textual e realizam procedimentos de referência intratextual, são evidentes construtores de enunciadores e enunciatários discursivos. Note-se que tais articuladores são responsáveis pela organização dos tópicos e subtópicos discursivos e, em última análise, apontam para palavras, expressões, segmentos já mencionados ou a se mencionar em outras unidades do texto, formando uma unidade textual com estilo comum à categoria de discurso a que o Texto 02 pertence. Salienta-se que a escolha e uso de tais articuladores, e não de outros, é opção do locutor, tendo-se em vista a condição de produção textual em que se realiza o texto.

É notável, ainda no campo da articulação dos tópicos e subtópicos discursivos, a exploração de segmentos textuais e/ou de procedimentos de referência a outras partes do texto, ou, mesmo, ao discurso científico (leia-se intertexto científico). Note-se o uso de determinados articuladores de domínios de parentesco que são apresentados em condições de:

- **Comparação, semelhança, vizinhança entre referências discursivas**:

79. *"Do mesmo modo, mulheres com propensão para câncer de mama (que tiveram casos de câncer na família, por exemplo)* [...]";

72. *"Algumas doenças podem ser diagnosticadas, ainda no feto, pela ultra-sonografia (exame que indica sinais comuns aos portadores de anomalias cromossomiais, como um excesso de pele na nuca e uma prega na palma da mão); por exames de sangue da mãe (uma baixa concentração de certos hormônios, como a beta-gonado-trofina coriônica, pode indicar anormalidades no feto)"*;

80. *"Sua presença não provoca necessariamente a doença, mas o portador dispõe de mais chance de tê-la — principalmente se fumar"*.

- **Oposição entre referências:**

81. "*Algumas pessoas, <u>no entanto</u>, possuem um gene recessivo que não fabrica a enzima para essa transformação*";

82. "*No futuro, <u>porém</u>, a doença pode vir a ser eliminada pela terapia gênica:*".

- **Procedimentos metatextuais:**

72. "*Algumas doenças podem ser diagnosticadas, ainda no feto, [...]*

a. *... pela ultra-sonografia <u>(exame que indica sinais comuns aos portadores de anomalias cromossomiais, como um excesso de pele na nuca e uma prega na palma da mão)</u>; ...*

b. *... por exames de sangue da mãe <u>(uma baixa concentração de certos hormônios, como a beta-gonado-trofina coriônica, pode indicar anormalidades no feto)</u>; [...]*

c. *... pela amniocentese <u>(uma amostra do líquido amniótico é coletada com uma seringa e os cromossomos da célula do feto são analisados)</u>; [...]*

d. *... pela biópsia vilo-corial <u>(são coletadas células do tecido que forma a placenta)</u>; ...*

e. *... pela cordocentese <u>(são retiradas amostras do sangue do cordão umbilical)</u>*".

E toda essa forma de organização, além de ser o resultado da atividade de modalização discursiva estabelecida pelo locutor — fruto da intervenção do autor —, aponta, <u>na</u> e <u>pela</u> atividade de linguagem e referenciação do texto científico, para a questão da subjetividade.

4.2.2.3 A referenciação da relação enunciador/enunciatário

Neste texto, prioritariamente destinado a 'iniciados' na ciência, alunos do terceiro ano do ensino médio, percebe-se um esforço maior do(s) locutor(es) em esconder o enunciador e fazer 'falar' o referente, para que se tenha a impressão de objetividade daquilo que se enuncia, o que, de antemão, aponta para uma maior ou menor presença de interlocução, se se compara este texto ao Texto 01, e põe em evidência a afirmação de Maingueneau (1997, p. 13) quanto ao fato de haver textos saturados de marcas da subjetividade enunciativa, ao lado de outros em que essa presença tende a se apagar; ou, ainda, a de Brandão (1998a, p. 48) de que "essa estratégia de mascaramento é também uma forma outra de constituição da subjetividade".

Inobstante a isso, uma apreciação à materialidade linguística, à organização textual manifesta, neste texto, a presença formal, expressa, do locutor e do alocutário e, por consequência, do enunciador e do enunciatário, na desinência verbal destacada em

71. *"Parte da fenilalanina que ingerimos é usada na produção de proteínas"*;

o que é ocasionado pela construção explícita da relação enunciador/enunciatário evidente nessa atividade interativa.

Além dessas, algumas outras evidências discursivas da relação Eo/Ea são inegáveis: por exemplo, as duas destacadas a seguir. A primeira se verifica na passagem

75. *"Convém lembrar que a maioria dos tipos de câncer é curável se for detectada a tempo"*,

em que o trecho em destaque é uma evidência clara de criação do interlocutor, já que se percebe na asserção a força imperativa o convite a que se traga à lembrança a possibilidade de cura da maioria dos tipos de câncer, se detectados a tempo.

A segunda evidência se destaca no exemplo já mostrado em (72), no trecho em que o locutor constrói a relação enunciador/enunciatário nas cinco situações a seguir:

72. *"Algumas doenças podem ser diagnosticadas, ainda no feto, [...]*

a. *... pela ultra-sonografia (exame que indica sinais comuns aos portadores de anomalias cromossomiais, como um excesso de pele na nuca e uma prega na palma da mão); ...*

b. *... por exames de sangue da mãe (uma baixa concentração de certos hormônios, como a beta-gonado-trofina coriônica, pode indicar anormalidades no feto); ...*

c. *... pela amniocentese (uma amostra do líquido amniótico é coletada com uma seringa e os cromossomos da célula do feto são analisados); ...*

d. *... pela biópsia vilo-corial (são coletadas células do tecido que forma a placenta); ...*

e. *... pela cordocentese <u>(são retiradas amostras do sangue do cordão umbilical)</u>"*.

Nota-se, claramente, que o outro (o alocutário) se faz presente nos trechos em que o locutor define, por aposição (entre parênteses), termos como *"ultra-sonografia"*, *"amniocentese"*, *"biópsia vilo-corial"*, *"cordocentese"*, em (72.a), (72.c), (72.d) e (72.e), respectivamente; ou esclarece informações, como o fez em (72.b). Essa estratégia de textualização é, também, garantia de que a interação logre êxito: vê-se que as definições e/ou explicação se realizam em função de que, discursivamente, o locutor prevê um alocutário tal que lhe seja preciso elucidar os termos ou palavras técnicas que fossem desconhecidos, que não fizessem parte dos conhecimentos prévios deste: não fosse o outro no discurso, não haveria motivo para definições e/ou esclarecimentos acerca de determinados termos técnicos.

Dois outros casos parecidos ao que se acabou de mostrar se verificam em

71. *"Parte da fenilalanina que ingerimos é usada na produção de proteínas; outra parte é transformada em tirosina, que, por sua vez, pode se tomar melanina, <u>o pigmento que dá cor</u> à pele"*;

73. *"Mesmo que o gene provoque a doença, esta às vezes pode ser evitada, <u>como ocorre na fenilcetonúria, <u>causada pelo acúmulo do aminoácido fenilalanina no sangue</u>"*.

Note-se que em (73), além de fazer lembrar que a fenilcetonúria é um tipo de doença genética que pode ser evitada, explica-se que esta é causada pelo acúmulo de fenilalanina no sangue: tanto o lembrete quanto a explicação só se fazem necessários em função da interação, da presença do outro no discurso, o alocutário e, por extensão, o enunciatário. E, pelo mesmo procedimento, ocorre a informação, em (71), de que a melanina é *o pigmento que dá cor* à pele.

Uma consideração de ordem discursiva, a respeito da modalização textual, da forma como os locutores promovem a enunciação neste texto, comparativamente ao que se mostrou no Texto 01, deve ser feita: mesmo que o locutor faça falar o referente e esconda as marcas de enunciação, é notável a participação subjetiva na construção da relação Enunciador/ Enunciatário, tendo-se em vista presença do outro no discurso. Em outras palavras, todas as ocorrências aventadas nesta seção tornam evidente o seguinte fato: dizer/escrever/referenciar a ciência, assim, dessa forma, desse modo, e não de outra maneira, é, além de se constituir sujeito numa prática de discurso com estratégias de textualização mais ou menos definidas, suscitar a participação de outros sujeitos na construção de objetos científicos e organizar determinadas condições para que os sujeitos do conhecimento, ao referenciarem tais objetos, (co)referenciem-se subjetivamente, de acordo com seu modo de ver e de dizer as coisas: o que aponta, inevitavelmente, para a questão da modalização.

4.2.2.4 O processamento dêitico utilizado na referenciação da relação Eo/Ea

A exemplo do Texto 01, os dêiticos de pessoa presentes na superfície textual estabelecem o seguinte quadro: a) um locutor que não se manifesta formalmente usando-se *eu*; ele o faz uma única vez[99] na forma pronominal *nós*, por meio da terminação verbal *mos*, usando-se, em quase todo o texto, a passividade verbal como estratégia de se 'encobrir' o sujeito enunciador; b) um alocutário cuja presença formal também se diluiu textualmente e quase não aparece, a não ser manifestado, uma só vez, na mesma terminação verbal *mos* supracitada.

Mas é notável que esse quadro se configura de forma mais complexa. E um exame mais acurado do texto em questão torna evidente a axiomática presença discursiva do enunciador, do enunciatário e, por conseguinte, da relação Enunciador/Enunciatário, mesmo que o sujeito discursivo, pela natureza do texto/discurso científico, 'esconda' as marcas de enunciação.

Uma demonstração evidente dessa tentativa de esconder as marcas de enunciação são os já referenciados uso da passiva e/ou omissão do agente em trechos como

70. "*A identificação do gene permite **desenvolver testes** para a detecção precoce da doença*";

73. "*Mesmo que o gene provoque a doença, esta* às vezes ***pode ser evitada***, *como ocorre na fenilcetonúria, causada pelo acúmulo do aminoácido fenilalanina no sangue*";

74. "*O gene recessivo causador da fenilcetonúria **localiza-se** no cromossomo 12 e é **encontrado** em cerca de uma em cada 25000 pessoas* [...]";

---

[99] Considere-se o excerto recortado.

75. "*Convém lembrar que a maioria dos tipos de câncer é curável **se for detectada** a tempo*";

ou objetivação do referente discursivo, tornando-o agente do enunciado, como se vê em

72. "*Algumas doenças **podem ser diagnosticadas**, ainda no feto, pela ultra-sonografia [...]; por exames de sangue da mãe [...]; pela amniocentese [...]; pela biópsia vilo-corial [...]; pela cordocentese [...]*".

Há, ainda, no decorrer do texto, algumas evidências dêiticas, que apontam para o processamento dêitico discursivo e indiciam a relação Enunciador/Enunciatário e que merecem atenção. Veja-se, por exemplo, os dois segmentos a seguir:

70. "*A identificação do gene permite desenvolver testes para a detecção precoce da doença*";

80. "*Sua presença não provoca necessariamente a doença, mas o portador dispõe de mais chance de tê-la*".

Os trechos *supra* apresentam características de construção semelhantes, embora complexas, quanto ao uso de artigos definidos e, por consequência, quanto ao uso da dêixis. Note-se que o uso dos definidos *o gene* e *a doença*, em (70), faz crer que, na relação Enunciador/Enunciatário, o locutor esteja referindo-se a um gene e a uma doença específicos, o que não se comprova, quando se avalia o trecho destacado na relação com o conjunto textual a que pertence: dada a forma como os locutores organizam o assunto, evidencia-se que tanto o gene quanto a doença, embora aparentemente específicos, são informações generalizadas, não apontam a uma referência exclusiva, nem necessariamente dependentes da situação de interlocução. Neste caso não se poderia falar em dêixis.

Mas, retomando-se o que se disse em 3.2.2.4, a respeito da referência discursiva e da organização de elementos dêiticos em torno de um dado, de um determinado vocábulo, é perceptível que, na relação Enunciador/Enunciatário, o locutor conta com o seu interlocutor na construção de sentido ao referido enunciado, que, naquele contexto, aponta para elementos (*gene* e *doença*) do conhecimento partilhado dos interlocutores, já circunscritos na Malha Tópica em evidência. Nesse caso, ainda que não se trate de um *gene* ou uma *doença* específicos, o uso do artigo definido ganha uma dimensão além da frase e se realiza no plano do discurso, de forma que ambos percebam que a produção de sentido à referida definição de gene e doença deve efetivar-se no domínio da referência discursiva.

Já em (80), o emprego respectivo do possessivo _sua_, do artigo _a_ e do oblíquo _a_ constitui a construção dêitica anafórica intratextual e referencia, também, elementos (_gene_ e _doença_) circunscritos na Malha Tópica. Só que, neste caso, o locutor recorre à memória imediata do alocutário e retoma, especificamente, "_o gene que predispõe ao_ câncer de pulmão" e a doença provocada por tal gene, _o câncer_. Note-se, ainda, que a não repetição do termo '_doença_' foi alcançada pelo uso, de acordo com o padrão culto da língua (modalidade linguística habitual de textos científicos), do já citado oblíquo _a_ em "[...] _mais chance de tê-la_".

Duas questões importam no que se acabou de mostrar. Primeiro, pontua-se que, inobstante a confirmação do preceito bronckartiano — segundo o qual o discurso teórico, em princípio, é monologado, dada a constante presença de frases declarativas —, é perceptível, neste texto analisado, o trabalho dos sujeitos discursivos de inclusão do outro em seu projeto textual, já que todo enunciado é resultado da interação de interlocutores e da adaptação, constante, de recursos linguísticos às rea-ções percebidas do outros no discurso. Em segundo lugar, adotando-se a concepção _supra_ e baseado nos elementos linguísticos mostrados na superfície do Texto 02 e na sua forma de organização (o que aponta para a questão da modalização), é evidente que, apesar do exercício subjetivo de 'escondimento' dos dêiticos pronominais de pessoa _eu_ e _tu_, há sempre, na materialidade linguística, evidências da relação Eo/Ea.

E isso aponta, inevitavelmente para a questão da subjetividade, mesmo que em textos científicos, os ditos objetivos, já que a presença dessa relação Enunciador/Enunciatário é o fundamento da subjetividade, por tal relação funcionar como apoio para que se perceba a subjetividade na linguagem, e, por conseguinte em textos científicos, já que estes são, também, uma atividade de linguagem. Em suma: não existe processa-mento discursivo sem a referenciação da relação eu/tu, que são dêiticos por excelência. Portanto, tais dêiticos estarão sempre "presentes", mesmo ausentes na materialidade do texto. Aliás, pode-se atribuir ao exercício subjetivo de modalização este trabalho de "escondimento" dos dêiticos de pessoa. Então a modalização é uma categoria discursiva por meio da qual se pode mostrar a subjetividade em textos científicos.

Poder-se apontar, também, no âmbito da referenciação dêitica, a construção do tempo referenciado em relação ao tempo da enunciação como evidência do presente enunciativo, que é, necessariamente, uma dêixis de tempo, pela perspectiva de que o 'presente' da enunciação regula a modalização do presente do enunciado. O que se mostrou nesta análise, em 4.2.1.2, é uma evidência da relação Eo/Ea, que pode ser retomada, agora com a concepção da construção dêitica. Prefere-se não repetir aqueles exemplos e observações. Todavia, importa salientar que os exemplos já citados naquele item apontam para a forma axial, o presente, formador do próprio "tempo", coincidente com o momento da enunciação, o dêitico temporal, produzido na e pela enunciação. Ou seja, cada enunciado instalado, no Texto 02, no presente, organiza-se, no discurso, em torno de um *eu*, de um *aqui* e de um *agora*: o autor/locutor/enunciador dirige-se ao leitor/alocutário/enunciatário do livro e orienta o seu interlocutor, em um tempo (agora) e um espaço (aqui), na construção, conjunta, da referência discursiva, constituída pela Malha Tópica e firmada no "presente científico", que é dêitico.

4.2.2.5 A modalização do conteúdo referenciado

Como qualquer outro, o Texto 02 apresenta, no âmbito da modalização do conteúdo referenciado, estratégias de modalização envolvidas no processo de construção da referência e da subjetividade científica, por meio do uso de advérbios e/ou expressões textuais que, além de garantir a organização (a coesão) do texto, evidenciam a posição que o(s) sujeito(s) ocupa(m) em relação ao domínio de objetos de que fala(m)/escreve(m), isto é, modalizam o enunciado expresso. Pode-se aventar, nesse contexto, operadores discursivos que evidenciam a estratégia de se invocar a atenção do interlocutor para:

a. **acrescentar-se uma informação e/ou orientar o alocutário quanto à interpretação do enunciado:**

69. "*Além* dos antecedentes familiares de doenças genéticas, *quando se trata da mulher* o especialista leva em conta *também* a sua idade, *uma vez que* a partir dos 35 anos a gravidez aumenta a chance de problemas transmitidos ao filho, *devido a* alterações nos cromossomos*";

b. **promover-se uma imprecisão, uma certa reserva, em relação ao que se vai dizer e/ou uma oposição a um conjunto de argumentos apresentados pelo locutor:**

80. "Sua presença não 3provoca _necessariamente_ a doença, _mas_ o portador dispõe de _mais_ chance de tê-la";

83. "_Muitas vezes_ o gene _apenas_ predispõe a uma doença";

73. "_Mesmo que o gene provoque a doença, esta _às vezes_ pode ser evitada, como ocorre na fenilcetonúria, causada pelo acúmulo do aminoácido fenilalanina no sangue_";

c. **indiciar-se uma dada concepção subjetiva (relativa ao tempo ou intensidade dos fatos, isto é, à precocidade, à ação por antecipação) do objeto discursivo na relação Eo/Ea:**

72. "_Algumas doenças podem ser diagnosticadas, _ainda_ no feto [...]_";

79. "_[...] devem realizar exames periódicos com _mais_ frequência_";

80. "_Sua presença não provoca _necessariamente_ a doença, mas o portador dispõe de _mais_ chance de tê-la_";

d. **apontar para um certo pendor argumentativo:**

79. "_Do mesmo modo, mulheres com propensão para câncer de mama (que tiveram casos de câncer na família, _por exemplo_) [...]_";

70. "_Isso é _importante para_ casais com _alto risco de_ gerar filhos com _doenças hereditárias graves_, e também para o indivíduo que herdou o gene[...]_";

e. **fazer-se uma analogia, semelhança ou comparação:**

72. "_[...] exame que indica sinais comuns aos portadores de anomalias cromossomiais, _como_ um excesso de pele na nuca e uma prega na palma da mão_";

72. "_[...] uma baixa concentração de certos hormônios, _como_ a beta-gonado-trofina coriônica, pode indicar anormalidades no feto_";

73. "_Mesmo que o gene provoque a doença, esta às vezes pode ser evitada, _como_ ocorre na fenilcetonúria, causada pelo acúmulo do aminoácido fenilalanina no sangue_".

Esses exemplos aventados indiciam uma perspectivação de quem enuncia, diante das coisas ou do estado das coisas que são referenciadas no discurso. Os termos ou partículas destacadas são mecanismos de modalização e, portanto, de subjetivização do 'conteúdo frásico', o que implica um juízo de valor por parte do sujeito discursivo, sobretudo por exprimirem determinadas posições, expectativas ou reações dos falantes relativamente ao enunciado produzido.

Outro aspecto deve ser considerado na modalização do referenciado no Texto 02. A organização textual, a modalização, em si, do conteúdo referenciado no texto, tendo-se em vista os exemplos a seguir —

69. "*Além dos antecedentes familiares de doenças genéticas, quando se trata da mulher o especialista leva em conta também a sua idade, uma vez que a partir dos 35 anos a gravidez aumenta a chance de problemas transmitidos ao filho, devido a alterações nos cromossomos*";

70. "*A identificação do gene permite desenvolver testes para a detecção precoce da doença. Isso é importante para casais com alto risco de gerar filhos com doenças hereditárias graves* [...]";

73. "*Mesmo que o gene provoque a doença, esta às vezes pode ser evitada* [...]";

75. "*Convém lembrar que a maioria dos tipos de câncer é curável se for detectada a tempo*";

84. "*Se uma criança tiver esse gene em dose dupla, e se isso não for detectado logo após o nascimento, a fenilalanina acumula-se no sangue, provocando lesões cerebrais, problemas neurológicos, atrasos no desenvolvimento físico e deficiência mental*";

85. "*Se for positivo, o médico prescreve uma dieta pobre em fenilalanina*" —,

põem em evidência certo grau de participação do sujeito enunciador no "conteúdo comunicativo". É perceptível, nos trechos recortados, que essa forma de dizer a ciência indica o caráter avaliativo, o grau de validade da referência e a realização desta (da referência) na condição 'real' ou 'potencial' para os sujeitos discursivos.

Note-se, por exemplo, que em (69) há uma evidente elaboração do falante/escrevente na construção da informação relativa ao trabalho do especialista. Este é apontado como quem obedece a procedimentos, determinados pela prática médica, para se cuidar de doenças genéticas; e, nesse contexto, informa-se que a idade do paciente é levada em conta, sobretudo se se tratar de mulher. O locutor faz lembrar que este procedimento se dá em função de somar-se às questões de antecedentes genéticos a possibilidade de problemas advindos da gravidez a partir dos 35 anos. Inclui-se, também, uma justificativa para o problema de gravidez em idade acima daquela (35 anos): *devido a alterações nos cromossomos*. Em suma, em (69) há três informações que constituem "estados de coisas": a) a mulher 'sofre' alterações nos cromossomos a partir dos 35 anos; b) gravidez após 35 anos pode trazer problemas ao feto; c) há doenças que são adquiridas geneticamente. Agora, construir e mostrar a relação entre esses 'estados de coisas', distribuí-los numa dada organização, numa relação, por exemplo, de causa e consequência, é realizar uma atividade de linguagem, numa determinada situação de interação verbal e construir um outro determinado estado de coisas, numa dada situação de comunicação.

Pode-se notar, ainda, a natureza discursiva de (70): o locutor fala da identificação do gene defeituoso de forma tal que esse fato não se apresenta como historicamente realizado; ao contrário, constrói-se um grau discursivo de validade para o citado referente, que é colocado na categoria de referentes potenciais. Neste mesmo caso, tem-se o uso do subjuntivo em (73) que constrói a condição hipotética para a referência: os interlocutores acordam que não se fala de um fato sucedido, mas possível, apenas; e, caso haja alguma situação em que tal fato venha a realizar-se, caso esse 'estado de coisas' possa, em alguma circunstância, existir, isto é, *mesmo que o gene provoque a doença*, os interlocutores já sabem (ou, pelo menos, acreditam) que *esta pode ser evitada*. Então, se a referência se constrói no plano da virtualidade, da potencialidade, é evidente que nesse tipo de construção (assim o é com os casos aventados) a forma de dizer, a modalização aponta para uma dada interação em que os sujeitos do conhecimento participam da realidade que constroem nessa situação de comunicação constrói.

Da mesma forma o é com a construção das referências em circunstâncias condicionais em (75), (84) e (85). Todos esses casos apontam para uma determinada situação de interação verbal que constrói um 'estado de coisas'. Este, por sua vez, reporta a uma dada situação de comunicação indiciada na estrutura dos enunciados, por meio de elementos pertencentes ao conjunto dos "componentes comunicativo-pragmáticos" indiciadores tanto da situação de produção textual quanto das relações enunciador ←→ enunciatário; enunciador/enunciatário ←→ estado de coisas; estado de coisas ←→ lugar do ato de fala; estado de coisas ←→ tempo do ato de fala.

Tem-se, nestes dados, uma comprovação de que qualquer palavra, expressão, frase, texto realizado no discurso ultrapassa necessariamente o conteúdo da proposição. E tal realização é produzida por interlocutores e contém, portanto, já o resultado de uma 'confrontação' do enunciador/enunciatário e o estado de coisas que se quer realizar e comunicar.

4.2.3 A construção dos enunciados

Já se disse que a construção dos enunciados em textos científicos está diretamente relacionada à realização das modalidades alética, apreciativa, lógica ou epistêmica, pragmática ou cognitiva, deôntica. São comuns, no Texto 02, declarações, afirmações, asserções do tipo

70. *"A identificação do gene <u>permite desenvolver</u> testes para a detecção precoce da doença"*;

71. *"Parte da fenilalanina que ingerimos <u>é usada</u> na produção de proteínas; outra parte <u>é transformada</u> em tirosina, que, por sua vez, pode se tornar melanina, o pigmento que dá cor à pele"*;

74. *"O gene recessivo causador da fenilcetonúria <u>localiza-se</u> no cromossomo 12 e é encontrado em cerca de uma em cada 25000 pessoas"*,

que constroem afirmativamente proposições que edificam a certeza do locutor e, por isso mesmo, são evidentes manifestações da presença deste na construção dos chamados enunciados universais da <u>modalidade alética</u>.

Da mesma forma, tem-se, igualmente, alguns dos enunciados construídos de um modo tal que se evidenciam características da <u>modalidade apreciativa</u>. São construções discursivas com evidente pendor argumentativo. Por exemplo, em

70. *"A identificação do gene permite desenvolver testes para a detecção <u>precoce</u> da doença"*;

72. *"Algumas doenças podem ser diagnosticadas, <u>ainda</u> no feto [...]"*;

79. *"[...] devem realizar exames periódicos com <u>mais</u> frequência"*;

80. *"Sua presença não provoca necessariamente a doença, mas o portador dispõe de <u>mais</u> chance de tê-la"*,

há a evidente apreciação relativa à construção da referência. Note--se que, nos exemplos *supra*, são fatos possíveis: a) a detecção de um tipo 'x' de doença; b) o diagnóstico de determinadas doenças, no feto; c) a necessidade de realização de exames periódicos com frequência; d) a disposição de chance de determinadas pessoas de ter determinada doença; agora, se, respectivamente, tal detecção é *precoce*; se o diagnóstico no feto é antecipado (dado o *ainda*); se a frequência dos exames deve ser *mais* (ou menos) intensa; se há *mais* (ou menos) chance de se ter uma doença; tudo isso é apreciação dependente dos sujeitos que constroem esse determinado 'estado de coisas'.

Ainda na pauta da apreciação, é perceptível que, entre outros exemplos possíveis, nos trechos

> 70. *"A identificação do gene permite desenvolver testes para a detecção precoce da doença. Isso é <u>importante para</u> casais com <u>alto risco de</u> gerar filhos com <u>doenças hereditárias graves</u>, e também para o indivíduo que herdou o gene"*;

> 84. *"Se uma criança tiver esse gene em dose dupla, e se isso não for detectado logo após o nascimento, a fenilalanina acumula-se no sangue, provocando lesões cerebrais, problemas neurológicos, atrasos no desenvolvimento físico e deficiência mental. <u>Por isso,</u> os recém-nascidos são submetidos a um teste de laboratório para diagnosticar a doença"*,

há, além da afirmação de que '*A identificação do gene permite desenvolver testes para a detecção precoce da doença*', o evidente sobreaviso relativo à *importância* disso a casais com *alto risco* de conceber filhos com *doenças graves*. Também se percebe em (84) o alerta à possibilidade de acúmulo de fenilalanina no sangue e os possíveis problemas neurológicos, ou lesões cerebrais, além de atrasos no desenvolvimento físico e mental a que está sujeita a criança que tenha o gene recessivo causador da fenilcetonúria. Tem-se, nesses casos, uma alusão à conveniência, à importância, à necessidade de se identificar o gene recessivo e, quanto antes, controlar-se a 'fenilcetonúria'.

Quanto à modalidade epistêmica, é possível perceber a sua presença na construção de enunciados como

> 71. *"Parte da fenilalanina que ingerimos é usada na produção de proteínas; outra parte é transformada em tirosina, que, por sua vez, <u>pode se tornar</u> melanina [...]"*;

72. *"Algumas doenças podem ser diagnosticadas, ainda no feto [...]"*;

76. *"Embora a fenilcetonúria seja evitada por uma dieta especial, o gene defeituoso continua presente no organismo e pode ser passado para os filhos [...]"*;

82. *"No futuro, porém, a doença pode vir a ser eliminada pela terapia gênica: [...]"*;

86. *"[...] uma baixa concentração de certos hormônios, como a beta-gonado-trofina coriônica, pode indicar anormalidades no feto [...]"*;

87. *"[...] porém se a pessoa tomar certas precauções a doença poderá ser evitada [...]"*.

Os casos *supra* apontam para a condição de uso do auxiliar 'poder' que evidencia um julgamento do locutor quanto ao valor de verdade das proposições: a possibilidade ou a probabilidade de realização do que se enuncia. É repetitivo dizer que se trata de uma estratégia de modalização que evidencia a subjetividade na construção do texto.

Duas construções, pelo menos, apontam para a criação de enunciados de acordo com a chamada 'modalidade pragmática'. Notem-se, por exemplo, em

79. *"Do mesmo modo, mulheres com propensão para câncer de mama (que tiveram casos de câncer na família, por exemplo) devem realizar exames periódicos com mais frequência [...]"*;

88. *"A criança deve evitar também o consumo de adoçantes à base de aspartame, que contêm fenilalanina"*,

as evidências de posicionamento do locutor em relação ao processo de que a mulher e a criança são agentes. São casos de uso do auxiliar tradutor de razão/obrigação (*dever*) em situação típica da modalidade pragmática ou cognitiva.

Já a modalidade deôntica, pode-se dizer que, nos trechos

70. *"A identificação do gene permite desenvolver testes para a detecção precoce da doença. Isso é importante para casais com alto risco de gerar filhos com doenças hereditárias graves, e também para o indivíduo que herdou o gene"*;

84. *"Se uma criança tiver esse gene em dose dupla, e se isso não for detectado logo após o nascimento, a fenilalanina acumula-se no sangue, provocando lesões cerebrais, problemas neurológicos, atrasos no desenvolvimento físico e deficiência mental. Por isso, os recém-nascidos são submetidos a um teste de laboratório para diagnosticar a doença"*,

ela é indiciada no efeito de sentido que se pode construir com os excertos. Tais enunciados sugerem: a) um sobreaviso relativo à *importância* disso a casais com *alto risco* de conceber filhos com *doenças graves*; b) um alerta à possibilidade de acúmulo de fenilalanina no sangue e os possíveis problemas neurológicos, ou lesões cerebrais, além de atrasos no desenvolvimento físico e mental a que está sujeita a criança que tenha o gene recessivo causador da fenilcetonúria. Assim, tem-se, nesses casos, uma alusão à conveniência, à importância, à necessidade de se identificar o gene recessivo e, quanto antes, controlar-se a 'fenilcetonúria'; e, por extensão, a avaliação do locutor quanto aos valores sociais de permissão, necessidade, desejo etc. característicos da modalidade deôntica.

4.3 Texto 03: O que é gene e como ele atua

P.20   PARTE 1 – GENÉTICA
O QUE É GENE E COMO ELE ATUA*

(Excerto)

Embora hoje se saiba muito mais a respeito da disposição dos genes nos cromossomos, em essência, as idéias de Morgan estão corretas.

A pergunta que surge agora é: como é exatamente o gene e como ele comanda a manifestação das características dos seres vivos, ou seja, como ele atua?

Essa pergunta começou a ser respondida em 1908, com os trabalhos do médico inglês **Archibald Garrot** sobre uma doença humana rara, chamada **alcaptonúria**. As pessoas afetadas por essa doença não conseguem decompor uma substância chamada **alcaptona**, que fica acumulada nas cartilagens e no colágeno do tecido conjuntivo. Essa substância provoca pigmentação preta no céu da boca e nos olhos, além de artrite degenerativa na coluna vertebral e nas grandes articulações do corpo. A alcaptonúria também recebe o nome de anomalia da "urina preta", pois o excesso de alcaptona é eliminado através da urina e, ao entrar em contato com o ar, reage com o oxigênio adquirindo a cor preta.

Garrot interpretou essa anomalia como decorrente da falta de uma enzima para decompor a alcaptona em substâncias incolores. A ausência da enzima seria devida a "erros" na informação genética, os quais ele denominou **erros inatos do metabolismo**. Posteriormente, verificou-se que outras anomalias hereditárias também ocorrem em função desses "erros" na informação genética. E o caso da **fenilcetonúria**, do **albinismo** e do **cretinismo**.

Na **fenilcetonúria**, a pessoa afetada não sintetiza uma enzima que permite a metabolização da fenilalanina. Esta, então, acumula-se no sangue, trazendo prejuízos ao cérebro e determinando retardo mental. A anomalia pode ser detectada logo que a criança nasce, pelo "teste do pezinho", obrigatório em todas as maternidades do país. Descoberta a anomalia, a criança deve ser submetida a uma dieta pobre em fenilalanina, conseguindo-se assim evitar o retardo mental.

O **albinismo** ocorre devido à ausência de uma enzima que interfere na produção da melanina, o pigmento da pele.

O **cretinismo**, caracterizado por retardo mental, ocorre em função da não-transformação da tirosina em tiroxina pela tireóide, devido à ausência de uma enzima que interfere nessa etapa do metabolismo.

Estabeleceu-se, então, a hipótese de que **cada gene** comandaria a manifestação de uma característica através da síntese de **uma enzima**, e que, havendo um erro na informação desse gene, a enzima correta não se formaria, surgindo os erros inatos do metabolismo. (Lopes, 1999, p. 20).

4.3.1 A construção da situação de interlocução

A exemplo das duas análises anteriores, nesta serão observados os mecanismos de textualização que indiciam, discursivamente, a) a escolha do meio de circulação do texto, b) a adequação desse texto a um determinado gênero/tipo textual e c) o tipo de interlocução estabelecido. O acréscimo se fará com o trabalho de comparação da construção do Texto 02 em relação a este: já que tais textos foram escritos para o mesmo público-alvo e, a priori, constroem situações de interlocução semelhantes, ter-se-ia um preceito para que ambos se organizassem com um grau quase absoluto de semelhança, fosse o texto científico objetivo, como insistem as 'Técnicas de Redação' tradicionais.

Todavia, esta análise revela os mecanismos discursivos de referenciação e funcionamento de cada um dos textos e aponta as diferentes relações enunciador/referência/enunciatário vinculadas a cada condição de produção textual. Isso demonstra que a modalização é, discursivamente, indiciadora de subjetividade.

4.3.1.1 A escolha do meio de circulação do texto

À maneira do que se disse nas análises 01 e 02, o Texto 03, também escrito para estudantes da terceira série do ensino médio, integra o livro que o serve de veículo, e este se constrói de acordo com uma determinada prática de discurso: é formatado com base em preceitos mercadológicos e de circulação. Por essas questões, o Texto 03 também dispõe as suas partes de acordo com o modo de realização discursiva estabelecido pelos interlocutores nessa prática de discurso, e essa disposição, por consequência, põe em pauta a questão da modalização da relação enunciador/enunciatário/referente.

À forma do Texto 02, apesar de não se apresentarem na microestrutura do Texto 03, há evidências do veículo de circulação na superestrutura textual: é notável que este excerto apresenta uma formatação, que evidencia a estrutura de um livro. Note-se que as informações de cabeçalho (*P. 20*; *PARTE 1*; *GENÉTICA*) são referências que sinalizam a configuração de um livro. E ajustar o texto em questão a esta forma de organização é promover, também por escolha (necessidade) do sujeito enunciador, a adequação da forma de referenciação à prática discursiva a que se submete; é construir-se de acordo com uma determinada prática discursiva, é fazer-se sujeito nas condições construídas por essa prática. E isso já é um índice de referenciação da relação enunciador/enunciatário/referente.

4.3.1.2 A escolha do gênero/tipo textual

O trabalho subjetivo de construção do domínio científico no Texto 03 também se evidencia, conforme se mostrou no Texto 2, isto é, as representações mobilizadas pelos locutores organizam-se em referência às coordenadas gerais dos textos do tipo dissertativo/expositivo. Além de se construir do aspecto geral para o particular (do gene às doenças genéticas), os fatos referenciados neste texto são, essencialmente, apresentados como comuns e acessíveis ao mundo ordinário dos interlocutores da interação e não narrados.

Mesmo que se verifique, nos trechos

89. *"Essa pergunta <u>começou a ser respondida</u> em 1908, com os trabalhos do médico inglês Archibald Garrot sobre uma doença humana rara, chamada alcaptonúria"*;

90. *"Garrot <u>interpretou</u> essa anomalia como decorrente da falta de uma enzima para decompor a alcaptona em substâncias incolores"*,

uma referência a outras instâncias de enunciação em que Garrot se faz enunciador, não se pode dizer que o Texto 03 seja da ordem exclusiva da história, isto é, tem-se, apesar das referências a outras instâncias, um texto construído, não na ordem da narração, mas na ordem da exposição (uma característica do tipo dissertativo, expositivo), o que o qualifica como na categoria do texto/discurso científico, como se nota em

91. *"Na fenilcetonúria, a pessoa afetada não sintetiza uma enzima que permite a metabolização da fenilalanina"*;

92. *"O albinismo ocorre devido à ausência de uma enzima que interfere na produção da melanina, o pigmento da pele"*;

93. *"O cretinismo, caracterizado por retardo mental, ocorre em função da não-transformaç*ão da tirosina em tiroxina pela tireóide, *devido à ausência de uma enzima que interfere nessa etapa do metabolismo"*.

Ressalva-se, porém, que o fato de se ter feito, no Texto 03, uma referência direta a outra voz (a do inglês Archibal Garrot), além torná-lo, explicitamente, mais polifônico, marca-lhe uma diferença em relação ao Texto 02, já que este não evidencia, em forma de citação, nenhuma outra voz, a não ser a da ciência em si. Tem-se, neste caso, uma evidência de que a forma de dizer, a estratégia de construção da materialidade linguística daquilo que se enuncia é uma escolha de que o faz e, por isso mesmo, é subjetiva. Nesse caso, mesmo que se façam textos do mesmo gênero/ tipo, cada organização textual daquilo que se quer dizer será, certamente, modalizada em consonância com uma determinada prática discursiva, mas apresentará marcas que são escolhas do sujeito que enuncia.

Retomando-se os trechos *supra*, percebe-se, também, a dominância do 'presente enunciativo' ou 'presente científico' — de que se falou na análise dos Textos 01 e 02 — um atributo que distingue o tipo textual em questão. Isso aponta tanto para a questão da cientificidade do texto em análise como para a evidente construção do sujeito nesse tipo de interação, já que, nesse contexto de interlocução, o uso do presente da enunciação também manifesta a escolha do locutor em enunciar de modo tal que se construa sujeito nessa e dessa prática discursiva: o locutor se estabelece nesse lugar de discurso que, socialmente, se concebe ao 'sujeito do discurso científico'.

Nesse mesmo contexto de escolha do gênero/tipo textual, percebe-se a atividade do(s) locutor(es) de fazer 'falar' o referente tornar menos manifestas as marcas de interação e os traços de subjetividade de quem fala, o que sugeriria um aspecto de objetividade daquilo que se referencia. Nos exemplos das linhas anteriores, são notáveis as evidências de estratégias de enunciação por meio das quais o locutor omite a sua presença e dá 'voz' aos referentes, respectivamente fenilcetonúria, albinismo e cretinismo.

Ainda se pode relacionar no Texto 03, em função do tipo textual em questão e da estratégia de não revelação do sujeito falante, a presença <u>da passiva</u> e/ou <u>omissão do agente</u>, em passagens como

94. *"Embora hoje **se saiba** muito mais a respeito da disposição dos genes nos cromossomos [...]"*;

95. *"A alcaptonúria também recebe o nome de anomalia da 'urina preta', pois o excesso de alcaptona <u>é eliminado</u> através da urina e [...]"*;

96. *"A anomalia pode **ser detectada** logo que a criança nasce, pelo "teste do pezinho", obrigatório em todas as maternidades do país. Descoberta a anomalia, a criança **deve ser submetida** a uma dieta pobre em fenilalanina, conseguindo-se assim evitar o retardo mental".*

Mas, embora seja considerado característica do texto científico, o objetivar a referência, o evitar o uso de pronomes pessoais, o construir os enunciados na passiva e o omitir o agente são estratégias de referenciação, modo de dizer (o que aponta para a modalização) que põem em evidência o trabalho de construção da ciência, do texto/discurso científico e do próprio eu, realizado por sujeitos do conhecimento, que se ajustam a essa prática de discurso que, por sua vez, é construída por sujeitos de discurso.

São questões como essas que concorrem para provar que todos os aspectos textuais que apontam para o modo de referenciação da relação enunciador/enunciatário/referente são evidentes estratégias de modalização construídas pelos sujeitos discursivos, tendo-se em vista tanto a condição de produção textual em que se realizam as atividades de interação quanto o gênero em que esses textos se constroem.

4.3.1.3 O estabelecimento da interlocução

Tornou-se óbvio dizer que o Texto 03 evidencia o estabelecimento da interlocução no processamento discursivo. À semelhança dos outros dois textos, neste coexistem: a) um locutor (L) — coextensivo aos autores do livro —, que se institui como enunciador (Eo) na e pela atividade linguística; b) um alocutário (A) — coextensivo a quem lê o livro, mais especificamente aos estudantes da terceira série do ensino médio —, coinstituído na e pela atividade linguística como enunciatário (Ea); c) uma referência (R), ou um conjunto de referências constituído a partir da necessidade/desejo do locutor e do alocutário de falarem sobre 'o que é o gene e como ele atua'.

Nesse sentido, considerando-se o caráter científico que se queira dar ao texto, estabelece-se a interlocução e utiliza-se de recursos disponíveis na língua para omitirem-se as referências pronominais das pessoas da interlocução. Destaca-se, por exemplo, o uso da passiva, a omissão do agente e a objetivação da referência, já mostrados anteriormente. Mas é evidente que, embora o sujeito se contenha no espaço da ciência ou precise privar o texto/discurso de traços de subjetividade para que seu *Dizer* se revista de um aspecto de fala apropriada à ciência, a presença da relação enunciador/enunciatário é condição *sine qua non* para que se estabeleça a interação. E, nessa condição, mesmo que o '*eu*' da enunciação não esteja manifesto na forma pronominal EU, a sua presença se faz permanente em todo o texto, já que há sempre uma voz que fala e ao falar gerencia vozes, e essa voz é atribuída ao eu.

4.3.2 A construção do texto

A questão da modalização e a sua relação com a subjetividade em textos científicos podem ser evidenciadas, também, por meio dos mecanismos, das operações de discursivização/textualização relacionadas no âmbito da construção do texto, conforme se mostrará a seguir.

4.3.2.1 A escolha dos tópicos discursivos e o seu gerenciamento

O fato de o Texto 03 se construir do aspecto geral para o particular (do gene às doenças genéticas) caracteriza um trabalho complexo de organização textual realizado pelo sujeito locutor de forma tal que GENE aparece como tópico da MT, para o qual se apresentam comentários relativos a sua (do gene) atuação. E, no gerenciamento desses comentários, subtopicalizam-se as doenças relativas a problemas genéticos, quais sejam: *alcaptonúria, fenilcetonúria, albinismo* e *cretinismo*.

Se se compara a constituição da ATR do Texto 01 com o Texto 03, notam-se semelhanças e diferenças. Naquele texto, construiu-se um conjunto de considerações, comentários a respeito das *causas de doenças genéticas*, o que se traduz por *consequências (doenças) originadas por genes defeituosos*, e este se fez tópico da discussão, principal referente daquela interação, e as doenças foram subtopicalizadas no decorrer do texto; neste texto, as considerações, os comentários são a respeito da *atuação dos genes*, que, substancialmente, também se traduz em *doenças originadas por genes defeituosos*. Em outras palavras, estabeleceu-se, naquele texto, uma unidade discursiva, construída de forma tal que *genes defeituosos* se fez tópico para o qual se apresentou o comentário *causam doenças*, e tais doenças foram subtopicalizadas na construção do texto; o mesmo acontece com o Texto 03, embora se proponha comentar a *atuação dos genes*. Pode-se notar, portanto, que, mesmo que os locutores dos Textos 01 e 02 utilizem formas diferentes de referenciação, ambos os textos constroem um mesmo campo de significação. O que os diferencia é exatamente a forma de dizer dos autores, a modalização, que, mais uma vez, é escolha daqueles que 'falam' a ciência e se fazem sujeitos do conhecimento.

Procedendo-se à análise do Texto 03, note-se que, na sua construção/ organização, é perceptível a constituição da instância de enunciação em que, além da construção da relação enunciador/enunciatário, organiza-se a referência, de forma tal que esta se estabelece como um conjunto de informações a respeito das '*atuações dos genes nos seres vivos*'. E, conforme se observa, distribuem-se tais informações em tópicos e subtópicos discursivos, dispostos segundo critérios de escolha do locutor na organização da Malha Tópica que constrói e organiza informações relativas a doenças genéticas, que neste texto 'explicam' a atuação dos genes.

No início do texto em questão (considerem-se os dois primeiros parágrafos),

94. "*Embora hoje se saiba muito mais a respeito da disposição dos genes nos cromossomos, em essência, as idéias de Morgan estão corretas*";

97. "*A pergunta que surge agora é: como é exatamente o gene e como ele comanda a manifestação das características dos seres vivos, ou seja, como ele atua?*",

há evidências de que o excerto em análise é parte integrante de uma sequência textual, e não apenas início de um texto. Note que as informações iniciais são parte conexa ao encadeamento das informações e ao gerenciamento da Articulação Tema-Rema e tornam visível o fato de que já se faz presente na MT, apresentado antes desse excerto, um elemento motivador do primeiro enunciado e que se estende além do nível de construção dessa sentença. Trata-se do **tópico** '*disposição dos genes nos cromossomos*', que, evidentemente, foi comentado de acordo com as *idéias de Morgan*, motivo pelo qual se constrói o **comentário** de que '*em essência as idéias de Morgan estão corretas*'.

Salienta-se que, para este comentário inicial, há evidências de ter sido apresentado, anteriormente, um tópico que tenha *disposição do gene* como núcleo e que agora é retomado neste excerto, já que, na sequência "*a respeito da disposição dos genes nos cromossomos*", o uso dos artigos definidos, escolha do locutor, torna perceptível a presença da relação Eo/Ea, razão pela qual se pode dizer que o sujeito enunciador conta com a memória do seu interlocutor (enunciatário) e constrói uma nova informação baseada em conhecimentos partilhados e, por isso, apresentada com o aproveitamento de informações pressupostas pelos interlocutores naquela dada instância de enunciação.

Outro aspecto importante do gerenciamento dos tópicos/subtópicos discursivos é a atividade de, na ATR, subtopicalizar os itens *fenilcetonúria*, *albinismo* e *cretinismo*, numa disposição de tópicos discursivos anunciada, textualmente, pelo locutor a seu alocutário (considere-se o fim do quarto parágrafo, em que se anuncia uma intenção de organização/disposição dos subtópicos discursivos, e a sequência dos três parágrafos seguintes em que se realiza o previsto).

Baseado na assertiva de que nenhuma escolha é neutra, deve ser considerado, portanto, que selecionar um objeto de discurso, eleger uma Malha Tópica, anunciar a organização dos tópicos discursivos nesta, selecionar (dar preferência a um e não a outro) cada um dos Temas da ATR, optar por determinada sintaxe e/ou palavras com que se constroem os enunciados de um texto, em função de uma prática discursiva, é construir subjetivamente um determinado discurso e construir-se nele.

Todas essas questões de análise apresentadas caracterizam o princípio da modalização do texto/discurso científico e, obviamente, indiciam o trabalho realizado pelo sujeito discursivo para se construir e modalizar o seu discurso de acordo com a prática discursiva em que está inserido. Eis porque a modalização é, certamente, um mecanismo de indiciação do sujeito enunciador e, por conseguinte, da subjetividade do discurso construído por esse sujeito, mesmo que este (o sujeito) se estabeleça no discurso científico.

4.3.2.2 A articulação dos tópicos e subtópicos discursivos

No processamento da ATR do Texto 03, também se pode relacionar articuladores textuais usados na organização da materialidade linguística com os quais se promove a continuidade textual, se realiza a cisão, e/ou explicitação de enunciados do texto, se 'favorece' a sequência lógico-argumentativa do texto e se exploram determinados segmentos textuais e/ou de procedimentos de referência a outras partes do texto e a outros textos/discursos.

Veja-se, por exemplo, que nos trechos

91. *"Na fenilcetonúria, a pessoa afetada não sintetiza uma enzima que permite a metabolização da fenilalanina. Esta, **então**, acumula-se no sangue [...]"*;

94. *"Embora hoje se saiba muito mais a respeito da disposição dos genes nos cromossomos, **em essência**, as idéias de Morgan estão corretas"*;

95. *"A alcaptonúria **também** recebe o nome de anomalia da 'urina preta' [...]"*;

97. *"A pergunta que surge agora é: como é exatamente o gene e como ele comanda a manifestação das características dos seres vivos, **ou seja**, como ele atua?"*;

98. *"**Posteriormente**, verificou-se que outras anomalias hereditárias **também** ocorrem em função desses 'erros' na informação genética"*,

as expressões modais destacadas são modalizadores com os quais o locutor, discursivamente, ordena, articula, liga, torna fluido o movimento de leitura do texto, além de invocar presença e atenção do alocutário, para que o contato textual não se perca, e orientar a produção de sentido ao texto.

Isso significa que, nos casos destacados de (91) a (98), a presença das palavras/expressões em realce, fruto do trabalho do sujeito locutor, além de evidenciar certa apreciação subjetiva do conteúdo proposicional, garante a articulação dos tópicos e subtópicos discursivos; orienta um determinado alocutário a perceber, no domínio do discurso científico, a existência de outras vozes textuais/discursivas atribuídas a outros sujeitos do conhecimento científico (Morgan, por exemplo); convida, em (94), a observar o valor das ideias de *Morgan*, já que, **_em essência_**, estão corretas; chama atenção, em (97), para o surgimento de uma nova pergunta relativa aos estudos dos cromossomos; faz notar, em (95), o uso de outro nome à *alcaptonúria (urina preta)*; acrescenta, em (98), a existência de outras doenças — a fenilcetonúria e o albinismo, além da alcaptonúria — decorrentes de "*erros*" na formação genética; faz notar a sucessão no tempo, até que outros estudos científicos apontassem a existência de outras anomalias hereditárias, também em (98); insta, em (91), a concluir que o acúmulo de fenilalanina no sangue se dá em função de esta não ser metabolizada pela pessoa com fenilcetonúria.

Ainda se pode relacionar, nesse contexto de articulação dos tópicos subtópicos discursivos, determinados operadores que, além de se incluírem na relação mostrada anteriormente, dos marcadores da continuação textual, realizam procedimentos de referência intratextual. São articuladores que apontam para determinadas unidades textuais/discursivas já mencionados ou a se mencionar no desenvolvimento da malha tópica, como se nota nos exemplos a seguir:

89. "*Essa pergunta começou a ser respondida em 1908, com os trabalhos do médico inglês Archibald Garrot sobre uma doença humana rara* [...]";

90. "*Garrot interpretou essa anomalia como decorrente da falta de uma enzima para decompor a alcaptona* [...]";

98. "*Posteriormente, verificou-se que outras anomalias hereditárias* [...]";

99. "*As pessoas afetadas por essa doença não conseguem decompor uma substância chamada alcaptona* [...]";

100. "*Essa substância provoca pigmentação preta no céu da boca e nos olhos* [...]";

101. "*A ausência da enzima seria devida a 'erros' na informação genética* [...]".

Note-se que os exemplos *supra* evidenciam o trabalho de organização da malha tópica, do processamento da ATR na rede de enunciados. Tece-se uma rede textual e conectam-se os enunciados de tal forma que cada nova proposição que se dá a conhecer na interação põe em evidência a presença do interlocutor, já que a construção de sentido para cada segmento novo depende de que o interlocutor recupere uma informação já topicalizada, anteriormente, na MT.

Assim, as referências a '*essa pergunta*', em (89); '*essa anomalia*', em (90); '*outras anomalias*', em (98); '*essa doença*', '*uma substância*', em (99); '*essa substância*', em (100); '*a enzima*', em (101); estão distribuídas em 'pontos' da MT, e a construção de sentido a cada uma delas se realiza por ancoragem a outro(s) 'ponto(s)' da rede, já significados pelos sujeitos da interação. Os articuladores em destaque são, nesse contexto de uso, os elementos com os quais se possa lograr êxito no fazer e refazer do sentido aos segmentos proposicionais e ao todo textual.

Inobstante a exigência de que se faça uso da modalidade-padrão da língua como performance linguística ideal em textos científicos — o que justificaria o uso dos anafóricos destacados nos exemplos *supra* —, salienta-se que a escolha e uso de tais articuladores, e não de outros, é opção do locutor, tendo-se em vista não só as exigências da sintaxe dos enunciados, mas, sobretudo, a condição de produção textual/discursiva em que se realiza o Texto 03.

Pode-se relacionar, também no campo da articulação dos tópicos e subtópicos discursivos do Texto 03, além dessa exploração de segmentos textuais e/ou de procedimentos de referência a outras partes do texto, ou, ainda, ao interdiscurso científico, o uso de articuladores de domínios de parentesco que são apresentados em condições de comparação, semelhança, vizinhança entre referências discursivas, como se faz notar em

93. "*O cretinismo, caracterizado por retardo mental* [...]";

95. "*A alcaptonúria também recebe o nome de anomalia da 'urina preta'* [...]".

Portanto, toda essa estratégia de organização da superfície textual é, necessariamente, o resultado manifesto do processamento discursivo de modalização estabelecido na e pela atividade de linguagem, que indicia a relação Enunciador/Enunciatário, numa dada situação de produção textual determinante da estratégia de referenciação do texto científico.

4.3.2.3 A referenciação da relação enunciador/enunciatário

Os parâmetros de análise dos textos anteriores certamente se aplicam ao exame que se possa fazer de cada parte deste Texto 03, tendo-se em vista a semelhança dada à natureza, às proporções, às funções, às relações comuns a todos eles, inobstante às particularidades que cada um apresenta.

O Texto 03, também destinado a 'iniciados' na ciência, alunos do terceiro ano do ensino médio, evidencia, a exemplo dos demais, um certo esforço do(s) locutor(es) em retirar da superfície textual as marcas pronominais que apontam a quem fala/escreve e a quem ouve/lê. Mas, se se considera que a linguagem é caracteristicamente interativa e subjetiva, vê-se que, no caso em questão, a subjetividade — consequentemente, a presença do enunciador — é uma emergência. O locutor neste texto, mesmo que não apareça explicitamente manifestado na materialidade linguística, necessariamente se apresenta, no discurso, como *sujeito*, remetendo a si mesmo como *eu*, propondo outra pessoa como *tu* e evidenciando um referente.

Pode-se apontar como característica desse trabalho de se esconder o sujeito falante o uso da passiva em trechos como

94. "*Embora hoje **se saiba** muito mais a respeito da disposição dos genes nos cromossomos [...]*";

95. "*A alcaptonúria também recebe o nome de anomalia da 'urina preta', pois o excesso de alcaptona é eliminado através da urina e [...]*";

96. "*A anomalia pode **ser detectada** logo que a criança nasce, pelo "teste do pezinho", obrigatório em todas as maternidades do país. Descoberta a anomalia, a criança **deve ser submetida** a uma dieta pobre em fenilalanina, conseguindo-se assim evitar o retardo mental*".

É óbvio que, apesar de não se revelar por meio dos pronomes pessoais o sujeito discursivo, "a enunciação aí está". O locutor aparenta apenas 'pôr de lado' as marcas de interlocução para dar a impressão de que é neutro, de que ele não manifesta nenhuma atitude com relação ao que se diz, de que o valor de verdade de seus enunciados é objetivo. Se se considera, por exemplo, o que se disse a respeito da *semântica frásica* (seção 3.2.2.6.6), nota-se que, em (94), o verbo 'saber' sugere QUEM sabe, além de O QUE se sabe. Note-se, ainda, que a intensificação '*muito*' é uma avaliação de quem construiu o enunciado em questão e pôs em evidência o 'hoje', época em que, em oposição ao 'ontem', se sabe _muito mais a respeito da disposição dos genes nos cromossomos_. Essa avaliação, essa comparação, evidencia a presença de enunciadores, mesmo que implícitos. O mesmo se verifica com os verbos 'eliminar', 'detectar', 'submeter', em (95) e (96), que, segundo Koch (2001), constituem predicados de mais de um lugar, e um destes lugares é preenchido por um agente, que, neste caso, não foi revelado, em função da forma de dizer escolhida por quem construiu o enunciado.

Apesar de, neste Texto 03, ter-se diluído, ocultado a forma pronominal de pessoa, que apontaria a presença 'formal' do locutor e do alocutário, há manifestações linguísticas em que se pode perceber a evidência dos sujeitos da interação verbal, e, neste caso, do alocutário, que, por consequência, 'traz' o enunciatário.

Entre outros casos, em

91. _"Na fenilcetonúria, a pessoa afetada não sintetiza uma enzima que permite a metabolização da fenilalanina. Esta, **então**, acumula-se no sangue [...]"_;

94. _"Embora hoje se saiba muito mais a respeito da disposição dos genes nos cromossomos, **em essência**, as idéias de Morgan estão corretas"_;

95. _"A alcaptonúria **também** recebe o nome de anomalia da 'urina preta' [...]"_;

97. _"A pergunta que surge agora é: como é exatamente o gene e como ele comanda a manifestação das características dos seres vivos, **ou seja**, como ele atua?"_;

98. _"**Posteriormente**, verificou-se que outras anomalias hereditárias **também** ocorrem em função desses 'erros' na informação genética"_,

tem-se a presença de partículas ou expressões modais que, além de ser utilizadas para ordenar, articular, ligar, tornar mais fluido o movimento de leitura do texto, servem de modalizadores com os quais o locutor, discursivamente, invoca presença e atenção do alocutário, para que o contato textual não se perca; baliza o discurso, orientando a interpretação do texto e, por isso mesmo, constrói o enunciatário. Isso mostra que, nos casos em destaque de (91) a (98), o uso das palavras/expressões em realce é decorrente da intervenção do sujeito enunciador, que, além de apreciar o conteúdo proposicional, garante a interação linguística, por meio da construção textual do OUTRO discursivo.

Vê-se, então, um alocutário orientado a perceber o valor das ideias de *Morgan*, em (94), já que, ***em essência***, estão corretas; a reformular/ratificar a pergunta, em (97); a verificar o uso de um outro nome à *alcaptonúria* (*urina preta*), em (95), e o acréscimo de outras doenças — a fenilcetonúria e o albinismo, além da alcaptonúria — decorrentes de *"erros"* na formação genética, em (98); a notar a sucessão no tempo, até que outras pesquisas científicas apontassem a existência de outras anomalias hereditárias, também em (98); a concluir que o acúmulo de fenilalanina no sangue se dá em função de esta não ser metabolizada pela pessoa com fenilcetonúria, em (91).

Outra reflexão de ordem discursiva, relacionada à modalização, à forma como interlocutores falam e constroem a ciência, pode ser feita: mesmo que o locutor faça esse trabalho de esconder o sujeito falante e fazer falar o referente, é notável a participação subjetiva na construção do referente, tendo-se em vista presença do outro no discurso, a relação Eo/Ea. Veja-se, por exemplo, que, no trecho

89. *"Essa pergunta começou a ser respondida em 1908, com os trabalhos do médico inglês Archibald Garrot sobre <u>uma doença humana rara,</u> chamada alcaptonúria"*,

a alcaptonúria é apresentada como uma doença humana rara. Se não fosse necessidade de se construir o outro no discurso, por escolha do sujeito enunciador, o trecho recortado poderia, entre outras formas, ser estruturado sem que se fixassem os atributos 'humana' e 'rara' a tal doença. Além disso, veja-se que, no segmento

90. *"Garrot interpretou <u>essa anomalia</u> como decorrente da falta de* [...]*"*,

logo a seguir, a *alcaptonúria*, chamada anteriormente de doença, recebe o nome de <u>anomalia</u>, o que, mais uma vez, aponta para a participação de quem fala na construção do objeto de discurso.

Parece óbvia a conclusão de que, em suma, todas as ocorrências aventadas nesta seção tornam evidente que falar/escrever/referenciar a ciência de uma determinada forma ou modo é, necessariamente, suscitar a participação de outros sujeitos na construção de objetos científicos, definir determinadas condições para que os sujeitos do conhecimento, numa dada interação, possam referenciar tais objetos e, ao fazê-lo, constituírem-se sujeitos numa dada prática discursiva.

4.3.2.4 O processamento dêitico utilizado na referenciação da relação Eo/Ea

Tendo-se apenas os dêiticos de pessoa presentes na superfície do Texto 03, pode-se estabelecer o seguinte quadro: há a) um locutor que não se manifesta na forma pronominal *eu* nem o faz na forma *nós*, mas apaga a sua presença, oculta-se na impessoalidade, esconde-se na passividade verbal ou na objetivação do referente; tem-se, então, um locutor impessoal, sem índices formais que o denuncie; b) um alocutário cuja presença formal também se ocultou, se diluiu textualmente, criando-se, a ilusão de "grau zero[100]" da escrita; c) um referente expressivamente marcado, seja pela nomeação dos constituintes da *malha tópica* (genes, cromossomos, fenilcetonúria, albinismo, cretinismo), seja pelos articuladores textuais (*ele, esta, **a** anomalia*).

Todavia, é notável que esse quadro se configura de forma mais complexa e põe em evidência a presença discursiva do enunciador, do enunciatário e, por conseguinte, da relação Enunciador/Enunciatário, mesmo que o sujeito discursivo, utilizando-se da passiva e/ou da omissão do agente, tenha feito 'desaparecer' da materialidade linguística as marcas pronominais de pessoa da interlocução. É perceptível, por exemplo, que as referências temporais sugeridas em

89. "*Essa pergunta **começou** a ser respondida **em 1908**, com os trabalhos do médico inglês Archibald Garrot [...]*";

90. "*Garrot **interpretou** essa anomalia como [...]*";

94. "*Embora **hoje** se saiba muito mais a respeito da disposição dos genes [...]*";

97. "*A pergunta que surge **agora** é [...]*";

98. "***Posteriormente**, verificou-se que [...]*",

apontam para uma sequência de organização dêitica temporal estabelecida pela relação Enunciador/Enunciatário dentro do quadro enunciativo: discursivamente o ***hoje***, em (94), realiza-se em relação ao tempo/época em que se constrói, na interação linguística, o ***agora*** enunciativo da '*pergunta que surge*', em (97), e à data (***1918***), em (89), em que Garrot ***interpretou*** a anomalia (em 90). A partir dessa organização

---

[100] Esta expressão foi herdade de Barthes (2000).

temporal, traduz-se a referência ao **_posteriormente_**, em (98), em que se verificaram outras anomalias decorrentes dos erros genéticos. Salienta-se que todos os tempos existentes nos trechos em destaque são construídos a partir do agora da enunciação, o presente, formador do próprio "tempo", coincidente com o momento da enunciação, produzido na e pela enunciação.

Há, ainda, no decorrer do texto, algumas evidências dêiticas que apontam para o processamento dêitico discursivo e indiciam a relação Enunciador/Enunciatário e que merecem atenção. Veja-se, por exemplo, que, nos dois segmentos a seguir,

> 90. "*Garrot interpretou _essa_ anomalia como decorrente da falta de uma enzima para decompor a alcaptona em substâncias incolores*";

> 96. "*_A_ anomalia pode ser detectada logo que a criança nasce* [...]*",*

a palavra _anomalia_ não faz menção à mesma realidade referencial, e a construção de sentido a cada uma dessas diferentes referências depende da relação Eo/Ea. Note-se que, em ambos os casos, o locutor recorre à memória do alocutário e, no discurso, retoma elementos já relacionados na Malha Tópica, respectivamente, a _alcaptonúria_ e a _fenilcetonúria_. Nesses casos, tanto o determinante _essa_ quanto o _a_ são, discursivamente, operadores de sentido com os quais os interlocutores indicam referências cuja significação depende elementos discursivos relacionados na MT.

Em outras palavras, tais operadores são construtores de dêiticos anafóricos. Note-se que o uso dos demonstrativos _essa_ e _a_, em _essa anomalia_ e _a anomalia_, poderia apontar para uma mesma realidade construída na relação Enunciador/Enunciatário: o locutor estaria referindo-se a uma única e específica anomalia, o que não se confirma, quando se avalia o trecho destacado na relação com o todo textual a que pertence: dado o modo como os locutores organizam o assunto, evidencia-se que o locutor conta com o seu interlocutor na construção de sentido às citadas referências, que, naquele contexto, aponta para elementos distintos (_alcaptonúria_ e _fenilcetonúria_) do conhecimento partilhado dos interlocutores, já circunscritos na Malha Tópica em evidência. Nesse caso, o uso dos demonstrativos gacorma que ambos percebam que a produção de sentido às referidas anomalias deve efetivar-se no domínio da referência discursiva.

Em suma, o uso respectivo do demonstrativo *essa* e do artigo *a* (também demonstrativo) constitui a construção dêitica anafórica intra-textual e referencia, discursivamente, anomalias circunscritas na Malha Tópica. Só que, neste caso, o locutor recorre à memória do alocutário e constrói dêiticos que retomam, especificamente, os elementos *alcapto-núria* e *fenilcetonúria*.

4.3.2.5 A modalização do conteúdo referenciado

Como já se mostrou nas análises dos outros textos, no âmbito da modalização do conteúdo referenciado, pode-se investigar as estratégias de modalização envolvidas no processo de construção da referência e da subjetividade científica, por meio do uso de advérbios e/ou expressões textuais utilizadas pelos sujeitos discursivos para garantir a organização (a coesão) do texto. E essa operação evidencia a posição que o(s) sujeito(s) ocupa(m) em relação ao domínio de objetos de que fala(m)/escreve(m). Nesse contexto, pode-se relacionar, no Texto 03, operadores discursivos que evidenciam a estratégia de se invocar a atenção do interlocutor para

a. **acrescentar-se uma informação e/ou orientar o alocutário quanto à interpretação do enunciado:**

92. "*o albinismo ocorre **devido** à ausência de uma enzima que interfere na produção da melanina, o pigmento da pele*";

93. "*O cretinismo, caracterizado por retardo mental, ocorre em função da não-transformação da tirosina em tiroxina pela tireóide, **devido** à ausência de uma enzima que interfere nessa etapa do metabolismo*";

95. "*A alcaptonúria **também** recebe o nome de anomalia da 'urina preta' [...]*";

98. "*Posteriormente, verificou-se que outras anomalias hereditárias **também** ocorrem em função desses 'erros' na informação genética*";

100. "*Essa substância provoca pigmentação preta no céu da boca e nos olhos, **além de** artrite degenerativa na coluna vertebral e nas grandes articulações do corpo*";

b. **promover-se uma precisão/imprecisão, uma certa reserva, em relação ao que se vai dizer e/ou uma oposição a um conjunto de argumentos apresentados pelo locutor:**

94. *"Embora hoje se saiba muito mais a respeito da disposição dos genes nos cromossomos, **em essência**, as idéias de Morgan estão corretas"*;

97. *"[...] como é **exatamente** o gene e como ele comanda a manifestação das características dos seres vivos, ou seja, como ele atua?"*;

101. *"A ausência da enzima **seria** devida a 'erros' na informação genética [...]"*;

102. *"Estabeleceu-se, então, a hipótese de que cada gene **comandaria** a manifestação de uma característica através da síntese de uma enzima, e que, havendo um erro na informação desse gene, a enzima correta não se **formaria**, surgindo os erros inatos do metabolismo"*;

Note-se que, nos dois últimos exemplos, o locutor, além de promover certa imprecisão, certa reserva, em relação ao que se disse, evidencia o fato de o valor de 'verdade' do que se disse é responsabilidade de outra voz, já que se trata de informações obtidas por canais intermediários.

   c. **indiciar-se uma dada concepção subjetiva (relativa ao tempo ou intensidade dos fatos: à precocidade, à ação por antecipação) do objeto discursivo na relação Eo/Ea:**

89. *"Essa pergunta começou a ser respondida em 1908, com os trabalhos do médico inglês Archibald Garrot sobre uma doença **humana rara**, chamada alcaptonúria"*;

94. *"Embora hoje se saiba **muito mais** a respeito da disposição dos genes nos cromossomos [...]"*;

96. *"A anomalia pode ser detectada **logo que** a criança nasce"*;

Eis a evidência de que, ao dizer a ciência, o sujeito enunciador 'aplica' certo grau de participação na modalização do "conteúdo comunicativo". E essa forma de dizer a ciência, esse caráter avaliativo que se dá ao texto/discurso e que põe em evidência o grau de validade da referência encerra, mais uma vez, a questão da modalização como indiciadora da subjetividade em textos científicos.

4.3.3 A construção dos enunciados

O Texto 03 apresenta, ainda, na sua organização, estratégias subjetivas de construção dos enunciados e por extensão da referência científica, por meio de advérbios e/ou expressões modalizadores que, também põem em evidência a posição que o(s) sujeito(s) ocupa(m) em relação ao domínio de objetos de que fala(m)/escreve(m). Como já se disse, a construção dos enunciados em textos científicos está diretamente relacionada à realização das modalidades alética, apreciativa, lógica ou epistêmica, pragmática ou cognitiva, deôntica. E neste Texto 03 pode-se relacionar

a. **Enunciados que se configuram como asserções, declarações, afirmações do tipo:**

91. *"Na fenilcetonúria, <u>a pessoa afetada</u> <u>não sintetiza</u> <u>uma enzima</u> que <u>permite</u> a metabolização da fenilalanina";*

92. *"<u>O albinismo</u> <u>ocorre</u> devido à ausência de <u>uma enzima</u> que <u>interfere</u> na produção da melanina [...]";*

93. *"<u>O cretinismo</u>, <u>caracterizado por</u> retardo mental, <u>ocorre</u> em função da <u>não-transforma</u><u>ção</u> da tirosina em tiroxina pela tireóide [...]",*

com as quais o locutor constrói proposições (por isso, são evidentes manifestações da presença do sujeito) que edificam a sua certeza, construindo-se os chamados enunciados universais da <u>modalidade alética</u>.

b. **Enunciados construídos de um modo tal que se evidenciam construções discursivas com evidente pendor argumentativo, como se nota em**

89. *"Essa pergunta começou a ser respondida em 1908, com os trabalhos do médico inglês Archibald Garrot sobre uma doença **humana rara**, chamada alcaptonúria";*

94. *"Embora hoje se saiba **muito mais** a respeito da disposição dos genes nos cromossomos [...]";*

96. *"A anomalia pode ser detectada **logo que** a criança nasce".*

Ressalva-se a existência da nítida apreciação relativa à construção da referência nesses enunciados. É perceptível que: a) saber a respeito da disposição dos genes nos cromossomos; b) poder detectar fenilcetonúria em criança; c) conhecer uma doença chamada alcaptonúria são fatos possíveis, todavia dizer que o 'saber' é <u>muito mais</u>; que a 'detecção' é <u>logo que</u>; que a 'doença' é <u>humana</u> e <u>rara</u> é, certamente, apreciar, subjetivamente, o estado de coisas que se constroem e tornar dependente dos sujeitos que constroem esse determinado 'estado de coisas'. Essas construções evidenciam características da <u>modalidade apreciativa</u> e tornam patente a subjetividade — inerente a todo tipo de texto — presente em textos científicos.

c. Enunciados como

96. "*A anomalia **pode ser** detectada logo que a criança nasce* [...]";

102. "*Estabeleceu-se, então, a hipótese de que cada gene **comandaria** a manifestação de uma característica através da síntese de uma enzima, e que, havendo um erro na informa*ção desse gene, *a enzima correta não se **formaria**, surgindo os erros inatos do metabolismo*",

que evidenciam algum julgamento do locutor quanto ao valor de verdade do que se diz: a detecção da doença, em (96), por exemplo, é uma realização dada como certa, embora se construa como uma possibilidade; e a convicção de que a hipótese apresentada em (102) se realize é colocada com uma certa reserva, construída com o uso do futuro do pretérito, tempo com que o sujeito enunciador se isenta da responsabilidade relativa ao valor de 'verdade' do que se disse, já que se trata de informações obtidas por canais intermediários. Estes aspectos, em última análise, apontam para <u>a modalidade lógica ou epistêmica</u>.

d. Enunciado como

96. "*Descoberta a anomalia, a criança **deve ser** submetida a uma dieta pobre em fenilalanina, conseguindo-se assim evitar o retardo mental*",

em que se vê evidenciado o posicionamento do locutor — em relação ao processo de que outras pessoas são agentes — quanto a valores sociais de permissão, proibição, necessidade, por meio do auxiliar tradutor de obrigação (dever fazer) de se fazer e da razão pela qual se deve fazer uma dieta pobre em fenilalanina. Tais condições de posicionamento apontam para aspectos característicos da <u>modalidade deôntica</u>.

Importa, com todas essas questões, perceber que o sujeito do conhecimento participa daquilo que constrói, e, ao dizer o que pensa sente ou sabe, de alguma forma, manifesta essa sua participação, essa sua presença subjetiva naquilo que está sendo dito/escrito, construído. Nesse contexto, a modalização é o mecanismo por meio do qual tal manifestação põe em evidência as características desse sujeito enunciador — daí nossa hipótese inicial de que as manifestações de subjetividade no texto científico são indiciadas pelos mecanismos de modalização do discurso.

4.4 Texto 04: Abordagem dietética para fenilcetonúria

ARTIGOS ORIGINAIS

ABORDAGEM DIETÉTICA PARA FENILCETONÚRIA

Viviane de Cássia Kanufre*
Jaqueline Siqueira Santos*
Rosângelis Del Lama Soares*
Ana Lúcia Pimenta Starling**
Marcos José Burle de Aguiar**

RESUMO

Em Minas Gerais a Triagem Neonatal é realizada pelo Núcleo de Pesquisa em Apoio Diagnóstico (NUPAD) da Faculdade de Medicina da UFMG e os casos detectados são encaminhados para o Serviço Especial de Genética – Ambulatório de Fenilcetonúria, para iniciar o tratamento. O texto aborda a forma como é realizado o tratamento dietético dos fenilcetonúricos, relatando a experiência prática, bem como as tabelas utilizadas com o teor de fenilalanina para controle sérico desse aminoácido.

Palavras-Chave: Fenilcetonúria/dietoterapia; fenilalanina/uso terapeútico; Triagem Neonatal.

No Serviço Especial de Genética – Ambulatório de Fenilcetonúria do Hospital das Clínicas da UFMG, estão em tratamento 81 crianças detectadas pelo Programa Estadual de Triagem Neonatal, coordenado pelo Núcleo de Pesquisa em Apoio Diagnóstico (NUPAD) da Faculdade de Medicina da UFMG. Além desses, estão também em tratamento 19 pacientes com diagnóstico tardio (detectado após diagnóstico precoce da doença em irmãos), quatro fenilcetonúricos com diagnóstico precoce realizado em outros laboratórios e 16 pacientes transferidos de outras localidades, num total de 120 pacientes (dados relativos a dezembro de 2000).

Nos fenilcetonúricos o acúmulo sérico de fenilalanina, decorrente da deficiência da fenilalanina hidroxilase hepática, ocasiona alterações importantes no sistema nervoso central (SNC), com retardo mental irreversível. O tratamento precoce (ideal até 21 dias de vida) evita as manifestações da doença e consiste em uma dieta restrita em fenilalanina, sendo fundamental a utilização de uma mistura de aminoácidos isenta de fenilalanina ou contendo-a com pequena quantidade de fenilalanina. Essa mistura é usada para completar o aporte protéico necessário para promover o crescimento e desenvolvimento adequados, já que a ingestão de proteínas é controlada.

O tratamento tem como objetivo manter os níveis séricos de fenilalanina de acordo com os valores de referência para fenilcetonúricos, níveis esses que apresentam variação conforme a idade do paciente (Tabela 1).

Tabela 1 – Níveis de controle de fenilalanina sérica para fenilcetonúricos

Até 07 anos	De 7 a 12 anos	Acima de 12 anos
120 µmol/L a 360 µmol/L	120 µmol/L a 480 µmol/L	120 µmol/L a 600 µmol/L

Report of Medical Research Concil Working Party on PKU – Recomendations on the dietary, management of phenylketonuria. Arch Dis Child 1993; 68: 426-7.

Na dieta, as quantidades de fenilalanina, tirosina e proteínas são definidas com base nas recomendações para fenilcetonúricos. A fenilalanina prescrita na dieta varia de acordo com os níveis séricos desse aminoácido que, por isso, são monitorados frequentemente. A quantidade de calorias e líquidos é a mesma recomendada para indivíduos normais. Em relação aos micronutrientes, exceção feita para ferro e zinco, não há diferença em relação às recomendações feitas para crianças sem fenilcetonúria. A dieta do fenilcetonúrico é muito pobre em ferro com boa biodisponibilidade e sua absorção pode estar alterada pela relação com outros micronutrientes na luz intestinal. Esses pacientes também não devem receber alimentos de origem animal ricos em zinco, cuja absorção pode estar alterada também, provavelmente, pelas relações intraluminais com outros micronutrientes.

Apesar de o leite materno ter menores concentrações de fenilalanina, quando comparado a outros leites, não é possível manter o aleitamento materno exclusivo, pois esse, quando em livre demanda, causa aumento nos níveis séricos de fenilalanina, danosos ao SNC. O aleitamento materno pode ser mantido como fonte de fenilalanina, iniciando uma dieta mista, juntamente com a Fórmula Especial (isenta de fenilalanina), feita com a mistura de aminoácidos. Com a introdução da Fórmula Especial, o volume de leite materno ingerido é limitado às necessidades de fenilalanina, sendo possível manter o controle dos níveis séricos de acordo com o estabelecido para fenilcetonúricos. Se a criança não estiver sendo amamentada, é iniciada a Fórmula Especial em substituição à dieta que vinha sendo utilizada. Neste caso, utiliza-se leite em pó como fonte de fenilalanina.

Outros alimentos são introduzidos no 2º mês de vida, de acordo com as necessidades dos lactentes em aleitamento misto ou artificial. No 4º mês de vida, iniciam-se as frutas e posteriormente os legumes, sendo que a introdução de cada alimento depende do controle adequado dos níveis séricos de fenilalanina.

A quantidade e/ou o volume do alimento, bem como a quantidade de fenilalanina na dieta, dependerá da tolerância individual da criança e será estipulada pelo nutricionista.

Com a finalidade de padronizar as condutas, são fornecidas orientações específicas às famílias sobre a dieta para os lactentes até os dois anos de idade, de acordo com o esquema a seguir.

----

* Nutricionista do Ambulatório de Serviço Especial de genética – fenilcetonúria HC/UFMG/NUPAD

** Professor do Departamento de Pediatria FM/UFMG; Médico do Ambulatório de Serviço Especial de genética – fenilcetonúria; Médico pesquisador do NUPAD

(Kanufre, 2001, p. 129-134)

4.4.1 A construção da situação de interlocução

A análise do Texto 04 pode ser feita a partir dos mesmos princípios que nortearam o estudo dos outros textos[101]. Todavia, para que não se repitam todas as informações e para que se faça a análise sem comprometer a investigação dos mecanismos de textualização indiciadores da subjetividade no texto científico, pretende-se, nesta análise, enfatizar o que houver de semelhante no Texto 04 (escrito para médicos, cientistas e especialistas da área) em relação aos outros (escritos para principiantes e principiados na ciência) e, claro, mostrar o que diferencia este texto dos demais e apontar as possíveis razões dessa diferença.

------

[101] Refere-se aos mecanismos de textualização que indiciam, discursivamente, a) a escolha do meio de circulação do texto; b) a adequação desse texto a um determinado gênero/tipo textual: c) o tipo de interlocução estabelecido.

Nesse sentido, considerando-se que os textos aqui analisados foram escritos para públicos de diferentes níveis, a análise pode evidenciar tanto que há, neles, características comuns que os enquadrem numa mesma categoria (a de textos científicos) quanto que existem diferenças de construção textual/discursiva que sinalizam as diferentes condições em que eles foram produzidos e as diferentes situações de interlocução que eles constroem. Isso é uma clara evidência de que a modalização é, discursivamente, indiciadora de subjetividade.

4.4.1.1 A escolha do meio de circulação do texto

Os princípios básicos que orientam a escolha do meio de circulação de textos científicos costumam aparecer (como é o caso deste) em normas de publicação a que o autor tem acesso, com antecedência, para que este possa adequar a configuração do seu texto às condições de publicação preestabelecidas de acordo com o que se preconiza na prática social de discurso em que se queira fazer sujeito.

O Texto 04 também apresenta uma formatação determinada por meio de normas de publicação a que se submeteram os seus autores para que se pudesse ter acesso ao veículo no qual publicaram os resultados de um estudo, feito no Núcleo de Pesquisa em Apoio Diagnóstico (Nupad) da Faculdade de Medicina da Universidade Federal de Minas Gerais (UFMG), sobre a '*forma como é realizado o tratamento dietético dos fenilcetonúricos, relatando a experiência prática, bem como as tabelas utilizadas com o teor de fenilalanina para controle sérico desse aminoácido*'.

Escrito a leitores da *Revista Médica de Minas Gerais* (Órgão Oficial da Associação Mineira de Educação Médica), o Texto 04 é apresentando como um Artigo Original e se constrói de acordo com esta determinada prática de discurso: é formatado com base em preceitos determinados pela revista e dispõe as suas partes de acordo com o modo de realização discursiva estabelecido pelos interlocutores nessa dada prática de discurso, e essa disposição, por consequência, põe em pauta a questão da modalização da relação enunciador/enunciatário/referente, conforme se mostrará a seguir.

À forma do que se espera do texto/discurso científico, há, na organização estrutural do Texto 04, evidências do trabalho dos locutores para adequação do texto ao veículo de circulação em que a pesquisa foi publicada. Uma delas se verifica na formatação estruturada em conformidade com determinados periódicos científicos; a outra é perceptível na própria disposição do texto: o título em duas línguas, a apresentação de um resumo temático e a presença de palavras-chave, que também apontam para a categoria do discurso em que o texto em questão se realiza.

O rótulo "*Artigos Originais*", no início da página, é outro índice discursivo que, além de apontar o veículo de circulação, caracterizando a seção do referido periódico em que se publicam textos dessa natureza, põe em evidência a relação Enunciador/Enunciatário. Tem-se, nesse caso, a voz da própria instituição, que evidencia a presença do interlocutor ao sinalizar a este (neste caso, endereça-se a quem possa se fazer leitor tanto da revista quanto do texto) a natureza do texto e a seção em que este está apresentado.

O que se tem nesses exemplos são evidências do trabalho realizado por sujeitos do conhecimento com o fim de ajustarem a própria forma de dizer a sua ciência ao meio em que a Ciência é dita e construírem-se sujeitos de acordo com uma determinada prática de discurso. E i) ajustar um texto a uma forma de organização; ii) promover a adequação da forma de referenciação à prática discursiva a que se submete e, com isso, iii) construir-se sujeito de acordo com essa prática, por escolha ou necessidade de quem enuncia, é, necessariamente, fazer parte desse universo discursivo, desse lugar do saber instituído, de onde o 'eu' pode manifestar-se.

4.4.1.2 A escolha do gênero/tipo textual

O Texto 04, à semelhança do que se tem mostrado na análise dos outros textos, traz características semântico-estruturais que o situam na categoria de texto/discurso científico: as primeiras estão logo na apresentação do texto — a exemplo do que se vê em artigos científicos, os nomes dos autores/locutores são acompanhados de asteriscos que remetem a informações relativas à função que ocupam, à formação que possuem, ou, em outras palavras, à Ordem de Discurso, à Formação Discursiva, ao domínio discursivo a que pertencem —; em segundo lugar, tem-se a exposição, em forma de resumo, da abordagem temática proposta pelo texto; finalmente, vê-se o uso de palavras-chave que orientam o leitor às noções essenciais apresentadas no artigo.

Pode-se também relacionar, neste mesmo contexto, o fato de que os locutores, nas unidades *linguísticas d*o texto em análise, não fazem referência ao agente do enunciado, ou, se o fazem, assinalam *às* instâncias de agentividade um caráter institucionalizado. Veja-se, por exemplo, que, no trecho

103. "*No Serviço Especial de Genética – [...], estão em tratamento 81 crianças detectadas pelo Programa Estadual de Triagem Neonatal, coordenado pelo Núcleo de Pesquisa em Apoio Diagnóstico (NUPAD) da Faculdade de Medicina da UFMG. Além desses, estão também em tratamento 19 pacientes [...] (dados relativos a dezembro de 2000)*",

o sujeito enunciador fala de um lugar em que se colocam determinadas instituições como responsáveis pelas questões apresentadas no texto. Busca-se institucionalizar o discurso, ao se atribuir a responsabilidade de detecção de crianças com problema de fenilcetonúria a um determinado '*Programa Estadual*' coordenado por um '*Núcleo de Pesquisa*', e dar-lhe um caráter científico de legitimação dentro de uma ordem discursiva[102], para que se lhe garanta a existência, aceitação e permanência no domínio da ciência. Isso, também, dá ao texto/discurso características comuns ao domínio científico.

Outro aspecto de enquadramento do Texto 04 ao *âmbito do* discurso científico é o trabalho dos sujeitos enunciadores de construção de enunciados numa relação de independência em relação ao espaço-tempo da produção, isto é, na materialidade ling*uística do texto não* se apresentam unidades referenciais que remetam diretamente ao locutor ou ao espaço-tempo da produção: o texto baseia-se em um mundo 'autônomo[103]' em relação ao mundo ordinário dos agentes-produtores e receptores.

Note-se que, embora haja, no trecho supradestacado, uma referência aos '*dados relativos a dezembro de 2000*', o texto se constrói com uma nítida dominância das formas do presente (que neste trabalho é considerado o presente da enunciação), como se *vê em*

104. "*Nos fenilcetonúricos o acúmulo sérico de fenilalanina, decorrente da deficiência da fenilalanina hidroxilase hepática, **ocasiona** alterações importantes no sistema nervoso central [...]*";

105. "*O tratamento **tem** como objetivo manter os níveis séricos de fenilalanina de acordo com os valores de referência para fenilcetonúricos, níveis esses que **apresentam** variação conforme a idade do paciente*",

o que coloca os fatos referenciados neste texto como comuns e acessíveis à condição humana, pertencente ao mundo ordinário dos interlocutores da interação. Tais questões são aspectos característicos do domínio científico.

---

[102] À noção de ordem do discurso e de sociedades discursivas, ver: Foucault (1996) e Geraldi (1997).

[103] Bronckart (1999) ressalva que, embora essa autonomia seja linguisticamente marcada, ela é raramente completa: o Discurso Teórico tende à autonomia sem jamais atingi-la verdadeiramente.

4.4.1.3 O estabelecimento da interlocução

Pode-se dizer que, no Texto 04, a expressão '*Artigos Originais*' promove o estabelecimento da interlocução, já que, discursivamente, tal segmento põe em evidência uma manifestação, uma forma de 'aviso' institucional de que o texto que o alocutário se propõe a ler é um artigo original. Nessa condição, a exemplo do que se mostrou nas outras análises, neste texto também se institui: um locutor (L) — coextensivo aos autores do artigo — que se institui enunciador (Eo) na e pela atividade linguística; um alocutário (A) — coextensivo a quem lê o artigo, sobretudo médicos e especialistas — (co)instituído na e pela atividade linguística como enunciatário (Ea); uma referência (R), ou um conjunto de referências constituído como '*Abordagem Dietética para Fenilcetonúria*'.

Note-se que o Texto 04, quanto ao estabelecimento da interlocução, é semelhante a todos os analisados anteriormente: pode não ser tão preciso afirmar como se realizam os acontecimentos da ciência, todavia não há como negar a participação de sujeitos cognitivos na verificação, sistematização e referenciação de tais acontecimentos.

Nesse aspecto, considerando-se que tal referenciação se fundamenta na construção de instâncias enunciativas e se realiza em textos, pode-se asseverar que estes (todos e quaisquer textos), por serem um conjunto de referências construídas numa dada condição de produção, apresentam, na sua 'materialidade', índices da *visada* do sujeito e, por conseguinte, da indiciação deste no processo de construção de sentido e da relação Enunciador/Enunciatário. E, finalmente, já que todo enunciado traz a marca de seu enunciador, concebe-se e a modalização como o mecanismo por meio e a partir do qual tais ocorrências são perceptíveis.

4.4.2 A construção do texto

Como já dissemos, estudos contemporâneos têm feito constar a existência mecanismos de modalização no âmbito textual/discursivo, quer sob a denominação de marcadores do discurso, por exemplo, ou de marcadores de relações discursivas, ordenadores da "matéria textual" discursiva. São esses elementos modalizadores, 'um dos meios privilegiados para ordenar, hierarquizar, ligar, tornar mais fluido o movimento fórico construtor do discurso[104]', que serão mostrados nesta seção.

---

[104] A palavra 'discurso', neste contexto, está empregada com o valor de texto. E, no caso em questão, a categoria dos marcadores se apresenta no âmbito da construção textual.

4.4.2.1 A escolha dos tópicos discursivos e o seu gerenciamento

O Texto 04 propõe-se como uma *'Abordagem Dietética para Fenil-cetonúria'*, e a sua disposição na MT caracteriza um trabalho complexo de organização textual realizado pelo sujeito locutor de forma tal que a distribuição dos tópicos discursivos seja congruente com o que se propõe no resumo

106. *"Em Minas Gerais <u>a Triagem Neonatal</u> é realizada pelo Núcleo de Pesquisa em Apoio Diagnóstico (NUPAD) da Faculdade de Medicina da UFMG e <u>os casos detectados</u>* são encaminhados para o Serviço Especial de Genética – *Ambulatório de Fenilcetonúria, para iniciar o tratamento. O texto aborda a forma como é realizado o tratamento dietético dos fenilcetonúricos, relatando a experiência prática, bem como as tabelas utilizadas com o teor de fenilalanina para controle sérico desse aminoácido"*;

e se evidencia nas palavras-chave

107. *"Fenilcetonúria/dietoterapia; Fenilalanina/uso terapêutico; Triagem Neonatal"*.

Note-se que os locutores, em conformidade com o que se propõe no resumo, iniciam o texto por *QUEM FAZ, ONDE SE FAZ, O QUE SE FAZ* e *COMO SE FAZ* o trabalho relativo à *Triagem Neonatal*. Tais informações são apresentadas de um lugar que, pela Ordem[105], está instituído a realizar tais operações, e os sujeitos que delas falam o fazem desse lugar instituído a dizer: isso sugere o caráter científico à 'Abordagem Dietética para a Fenil-cetonúria'. E cada item dessa abordagem é topicalizado e distribuído em relação ao objetivo para o qual convergem todos os enunciados: mostrar os resultados das pesquisas e dietoterapias feitas com fenilcetonúricos e propor o uso terapêutico da fenilalanina no controle da referida doença.

Nesse sentido, o sujeito locutor, além de contar com o alocutário para que se entenda o tópico *'Triagem Neonatal'* no contexto da abordagem proposta, promove a realização de sentido a *'Casos detectados'* com elementos recuperados além da linearidade textual (se se considera o resumo em pauta), já que os *casos* são relacionados a fenilcetonúricos, também recuperados na unidade de discurso em que se realiza o texto em questão.

---

[105] Trata-se da Ordem do Discurso.

Verifique-se que a escolha e gerenciamento de tópicos de discurso é feita pelos sujeitos da enunciação, levando-se em conta a presença de enunciatários discursivos que possam recuperar na MT os tópicos de discurso com os quais se possam promover os sentidos aos comentários dispostos na sequência textual. Nesse sentido, cada tópico e cada comentário apresentado na linearidade do texto são recuperados, na rede de organização da MT, pelos interlocutores, e (re)significados na unidade de discurso promovida pela relação Eo/Ea. Por isso, justifica-se a construção do espaço (considere-se o primeiro parágrafo) em que se realizam as experiências de tratamento dietético dos fenilcetonúricos e a apresentação de informações (a partir do segundo parágrafo) relativas ao controle sérico da fenilalanina, que, em primeira instância, estariam relacionadas aos 120 pacientes citados no início do texto, mas que, discursivamente, tornam-se efetivas ao mundo a que pertencem os interlocutores.

4.4.2.2 A articulação dos tópicos e subtópicos discursivos

Na análise do Texto 04, também se percebe que a configuração com que se promove a continuidade textual e o caráter dos articuladores de tópicos construtores na MT (e construídos nesta), além de porem em evidência o trabalho subjetivo de organização da materialidade linguística do texto, i) realizam a unidade discursiva da '*Abordagem*' em que se relacionam informações relativas a '*QUEM FAZ*', '*ONDE SE FAZ*', '*O QUE SE FAZ*' e '*COMO SE FAZ*', e ii) promovem a continuidade textual, a sequência lógico-argumentativa de cada parte do texto, em relação a outras e a outros textos/discursos.

Veja-se, por exemplo, que, nos trechos a seguir,

103. "*No Serviço Especial de Genética – [...], estão em tratamento 81 crianças detectadas pelo Programa Estadual de Triagem Neonatal, coordenado pelo Núcleo de Pesquisa em Apoio Diagnóstico (NUPAD) da Faculdade de Medicina da UFMG. __Além desses__, estão também em tratamento 19 pacientes [...] (dados relativos a dezembro de 2000)*";

108. "*__Essa__ mistura é usada para completar o aporte protéico necessário para promover o crescimento e desenvolvimento adequados, __já que__ a ingestão de proteínas é controlada*";

109. "*__Outros__ alimentos são introduzidos no 2º mês de vida, de acordo com as necessidades dos lactentes em aleitamento misto ou artificial*",

os termos grifados são modalizadores com os quais o locutor a) retoma tópicos anteriores, b) articula o movimento de leitura do texto, c) invoca presença e atenção do alocutário e d) orienta a produção de sentido aos enunciados. Ressalva-se que o articulador '*além desses*', em (103), ao mesmo tempo que retoma o termo '*crianças*', aponta para '*pacientes*' (posteriormente apresentado): nesse caso, as 81 crianças do segmento anterior são subtopicalizadas e classificadas como '*pacientes*' na sequência textual.

Em (103) há uma questão que merece destaque. Por opção dos sujeitos locutores, topicalizou-se o "*ONDE SE FAZ*" ("*No Serviço Especial de Genética – Ambulatório de Fenilcetonúria do Hospital das Clínicas da UFMG*") em um determinado tratamento a 81 crianças, e evidenciou-se o "*QUEM FAZ*" (O *Programa Estadual de Triagem Neonatal, coordenado pelo Núcleo de Pesquisa em Apoio Diagnóstico (NUPAD) da Faculdade de Medicina da UFMG*) como a detecção e o tratamento de tais crianças. Ressalva-se o fato de essas informações evidenciarem uma determinada instituição responsável pela realização de tais operações, um lugar instituído de onde falam sujeitos discursivos também instituídos a fazer e a dizer a ciência. Nesse caso, tem-se (mais que uma simples escolha sintática de topicalização de determinados termos) o trabalho de construção textual realizado por sujeitos discursivos de forma a garantir o caráter científico daquilo que se enuncia: no caso em questão, uma 'Abordagem Dietética para a Fenilcetonúria'.

Há, no texto em questão, outros exemplos evidentes de articulação dos tópicos e subtópicos discursivos, mas, como determinados critérios de processamento da Articulação Tema-Rema, já foram evidenciados nas análises anteriores, seria repetitivo apresentar exaustivamente o processamento da ATR no Texto 04. Ressalva-se, então, apenas o que diferencia este texto dos demais, quanto ao gerenciamento dos tópicos discursivos.

Há, no texto em questão, um conjunto de referências cruzadas que se expõem em conformidade com a estruturação do texto científico: fala-se dos asteriscos (usados para evidenciar a existência de informações relativas aos nomes a que estes sinais acompanham) e das notas (inseridas no corpo do texto e que orientam o leitor quanto à busca de dados, considerados importantes pelo enunciador), relativas ao conjunto de informações e de outras vozes que se associam neste texto para confirmação e validação da verdade científica que se constrói nessa dada interação.

É também comum na ATR do Texto 04 a topicalização de elementos anteriormente apresentados em algum comentário e retomados com o uso do artigo definido, que prevê a relação Enunciador/Enunciatário, como se vê em

110. "*O tratamento precoce (ideal até 21 dias de vida) evita as manifestações d**a doença** e consiste em **uma dieta** restrita em fenilalanina, sendo fundamental a utilização de **uma mistura** de aminoácidos isenta de fenilalanina ou contendo-a com pequena quantidade de fenilalanina. **Essa mistura** é usada para completar o aporte protéico necess*ário para [...]. *O tratamento tem como objetivo* [...]. *N**a dieta**, as quantidades de fenilalanina, tirosina e proteínas são definidas* [...]".

Nesses casos, a articulação dos termos sublinhados põe em evidência a relação Enunciador/Enunciatário porque prevê a participação do alocutário na retomada de itens anteriormente apresentados. É o caso, por exemplo, do termo '*a doença*', já definido na MT, o que justifica o uso do artigo '**a**'. Processo semelhante sucede com **uma dieta//na dieta** e **uma mistura//essa mistura**: o locutor apresenta indefinidamente um elemento novo na MT e o resgata de forma determinada na sequência textual, em função de, no plano do discurso, dada a relação Enunciador/Enunciatário, prever um alocutário tal que resgate o termo já definido na interação.

4.4.2.3 A referenciação da relação enunciador/enunciatário

É necessário relembrar a fala de que os três primeiros textos analisados são parte de um livro que, além de obedecer a uma prática discursiva, é formatado para atender a princípios de mercado; e, no caso do livro didático, pressupõe-se como interlocutor o aluno da série para a qual o texto se destina. Nessa mesma condição, tem-se o Texto 04, que, publicado em revista especializada, já supõe interlocutores do meio científico. Aponta-se, ainda neste caso, a existência de um padrão de linguagem e formatação estabelecido pela revista em que este texto se veiculou, determinado por meio de normas de publicação a que se submeteram aqueles que produziram este artigo — como condição *sine qua non* para que se publicasse nesse veículo. E, produzido nessas condições, a realização de tal texto pressupõe, discursivamente, a referenciação da relação Eo/Ea, que se evidencia na materialidade textual, como se mostrará a seguir.

Como já se afirmou, neste texto não há manifestação do sujeito locutor[106] na forma pronominal *eu*. A exemplo do que se viu nos Textos 02 e 03, verifica-se o esforço do locutor para se adequar às condições de produção textual a que se propõe e evidenciar um sujeito que enuncia do lugar do saber instituído e, nessa condição, projeta a imagem daquele locutor, que se inclui nos limites preestabelecidos da 'verdade' científica — principal característica do discurso científico — e, como tal, "deve", ao enunciar, privar-se de traços de subjetividade, para que suas palavras adquiram um aspecto de fala apropriada à ciência e legitimada pela instituição. Para garantir tal aspecto, o(s) sujeito(s) enunciador(es) constrói (constroem) enunciados omitindo-se o agente da ação e/ou usando-se a passiva verbal, como se vê em

106. *"Em Minas Gerais a Triagem Neonatal é realizada pelo Núcleo de Pesquisa em Apoio Diagnóstico (NUPAD) da Faculdade de Medicina da UFMG e os casos **detectados são encaminhados** para o Serviço Especial de Genética – Ambulatório de Fenilcetonúria, para iniciar o tratamento. O texto aborda a forma como é realizado o tratamento dietético dos fenilcetonúricos, relatando a experiência prática, bem como as tabelas **utilizadas** com o teor de fenilalanina para controle sérico desse aminoácido"*;

108. *"Essa mistura é usada para completar o aporte protéico necessário para promover o crescimento e desenvolvimento adequados [...]"*;

109. *"Outros alimentos **são introduzidos** no 2º mês de vida, de acordo com as necessidades dos lactentes em aleitamento misto ou artificial. No 4º mês de vida, **iniciam-se** as frutas e posteriormente os legumes [...]"*;

111. *"A fenilalanina **prescrita** na dieta varia de acordo com os níveis séricos desse aminoácido que, por isso, são **monitorados** frequentemente. A quantidade de calorias e líquidos é a mesma **recomendada** para indivíduos normais".*

Ressalva-se que, embora no exemplo (106) se tenha construído a presença do agente realizador da 'Triagem Neonatal', este se caracteriza não como pessoa, mas como instituição, o que garante a legitimidade do que se fala e se faz, já que o que é feito e dito se realiza no lugar legítimo da ciência: a universidade.

---

[106] Considere-se o excerto em questão.

Vale salientar ainda que, embora não se evidencie, formalmente, a presença do locutor e/ou do alocutário[107] no texto em questão, isso não quer dizer que eles não estejam presentes no discurso, pois este (o discurso) sempre prevê a relação enunciador/enunciatário, uma vez que a linguagem é uma atividade interativa e que se realiza em instâncias de enunciação. A despeito da ausência de dêiticos de pessoa, percebe-se, neste texto, a presença tanto do LOCUTOR quanto do ALOCUTÁRIO e, por extensão, do ENUNCIADOR e do ENUNCIATÁRIO, em alguns trechos. Em

112. "[...] *estão também em tratamento 19 pacientes com diagnóstico tardio **(detectado após diagnóstico precoce da doença em irmãos),** quatro fenilcetonúricos com diagnóstico precoce realizado em outros laboratórios e 16 pacientes transferidos de outras localidades, num total de 120 pacientes **(dados relativos a dezembro de 2000)***",

por exemplo, as explicações entre parênteses (ou, simplesmente, o uso dos parênteses) são evidências de orientação ao alocutário, uma vez que a ausência dos trechos destacados não comprometeria a coesão textual. Condição semelhante se vê em

110. "*O tratamento precoce **(ideal até 21 dias de vida)** evita as manifestações da doença e consiste em uma dieta restrita em fenilalanina [...]*";

113. "*O aleitamento materno pode ser mantido como fonte de fenilalanina, iniciando uma dieta mista, juntamente com a Fórmula Especial **(isenta de fenilalanina),** feita com a mistura de aminoácidos*".

Têm-se, então, nos exemplos relacionados, casos evidentes do trabalho subjetivo de construção de enunciados em que o locutor prevê e indicia o alocutário, apesar da ausência de dêiticos de pessoa. E essa é, certamente, a estratégia utilizada pelo sujeito enunciador para atribuir um caráter científico ao texto que produz: constrói-se um enunciador e um enunciatário cuja presença formal se desfaz na materialidade linguística, se dilui textualmente, criando-se a ilusão de "grau zero" da escrita; o que não impede que se faça surgir, na modalização do que se diz, a evidência da relação Enunciador/Enunciatário.

---

[107] Note-se a ausência de dêiticos indiciadores de primeira e segunda pessoa.

4.4.2.4 O processamento dêitico utilizado na referenciação da relação Eo/Ea

Comparativamente às análises anteriores, se se restringe à descrição dos dêiticos de pessoa presentes na superfície do Texto 04, pode-se estabelecer o seguinte quadro: há a) um locutor que não se manifesta na forma pronominal _eu_[108] e usa a passividade verbal como estratégia de 'velar' o sujeito enunciador; b) um alocutário cuja presença formal também se desfaz na materialidade linguística, se dilui textualmente, criando-se, igualmente, a ilusão de "grau zero" da escrita; c) um referente expressivamente determinado como '_Abordagem dietética para Fenilcetonúria_'.

Partindo do posto de que nosso estudo se centra no trabalho de modalização com o qual o sujeito enunciador 'esconde' do texto as marcas de subjetividade, pode se dizer que a presença discursiva do enunciador, do enunciatário e, por conseguinte, da relação Enunciador/Enunciatário é textualmente construída, ainda que seja de forma mais complexa, mesmo que, para isso, o sujeito discursivo utilize a passiva verbal, a omissão e/ou institucionalização do agente e faça 'desaparecer' da materialidade linguística as marcas pronominais de pessoa da interlocução, que, no entanto, notoriamente, são indiciadas pela modalização do que se diz. Veja-se, por exemplo, que, nos casos a seguir (106 a 111),

106. "_Em Minas Gerais a Triagem Neonatal é realizada pelo Núcleo de Pesquisa em Apoio Diagnóstico (NUPAD) da Faculdade de Medicina da UFMG e os casos **detectados são encaminhados** para o Serviço Especial de Genética – Ambulatório de Fenilcetonúria, para iniciar o tratamento. O texto aborda a forma como é realizado o tratamento dietético dos fenilcetonúricos, relatando a experiência prática, bem como as tabelas **utilizadas** com o teor de fenilalanina para controle sérico desse aminoácido_";

108. "_Essa mistura é usada para completar o aporte protéico necess_ário para promover o crescimento e desenvolvimento adequados [...]_";

---

[108] Ressalva-se que a inexistência da forma dêitica pronominal indiciadora de primeira pessoa é atribuída ao excerto extraído para análise. Considerando-se todo o texto, há uma evidência dêitica da construção do enunciador: este é mostrado, uma só vez, na forma _nós_, por meio do pronome _nosso_, no trecho: "_Observa-se em **nosso** Serviço que até a idade de dois anos a adesão à dieta e, consequentemente, o controle dos níveis séricos de fenilalanina são, em geral, muito bons_".

109. "*Outros alimentos* **são introduzidos** *no 2º mês de vida, de acordo com as necessidades dos lactentes em aleitamento misto ou artificial. No 4º mês de vida,* **iniciam-se** *as frutas e posteriormente os legumes [...]*";

111. "*A fenilalanina* **prescrita** *na dieta varia de acordo com os níveis séricos desse aminoácido que, por isso, são* **monitorados** *frequentemente. A quantidade de calorias e líquidos é a mesma* **recomendada** *para indivíduos normais*",

as formas destacadas, com exceção do primeiro caso (106), em que o agente expresso da ação verbal é institucionalizado, colocam em evidência o trabalho subjetivo de esconder-se o 'QUEM FAZ'. Não fosse esse exercício de ocultar as marcas de pessoa, ter-se-ia(m), manifestada no texto, a(s) '*pessoa(s)*' que a) *detecta(m)* a existência de fenilcetonúricos e *os encaminha(m)* para o Serviço Especial de Genética-Ambulatório de Fenilcetonúria; b) *realiza(m)* o tratamento dietético dos fenilcetonúricos; c) *utiliza(m)* tabelas com o teor de fenilcetonúria para controle sérico; d) *usa(m)* uma determinada mistura para [...]; e) *prescreve(m)* a fenilalanina na dieta [...]; e) *monitora(m)* os níveis séricos [...]. E, se são pessoas, mesmo que não tenham sido explícita e 'pronominalmente' apresentadas, estão aí, indiciadas, discursivamente, pela modalização, pela presença 'velada' dos indiciadores de pessoa.

4.4.2.5 A modalização do conteúdo referenciado

As estratégias de modalização pertencentes ao processo de construção da referência e da subjetividade científica, com as quais os sujeitos discursivos promovem a sistematização do Texto 04 e evidenciam a posição que ocupam em relação ao domínio de objetos de que fala(m)/ escreve(m), podem ser conferidas no uso de advérbios e/ou expressões adverbiais (aqui apresentados como operadores discursivos) utilizados como recurso para incitar a atenção do interlocutor e, na interação, realizar a significação que se queira dar aos enunciados e construir a unidade de sentido promovida <u>no</u> e <u>pelo</u> discurso.

Nesse sentido, é relevante a escolha e uso de determinadas expressões com as quais os locutores, além de garantir a organização (a coesão) textual, promovem discursivamente:

a. **Um acréscimo de uma informação e/ou uma orientação ao alocutário quanto à interpretação do enunciado, como se vê em**

112. "***Além desses***, estão também em tratamento 19 pacientes com diagnóstico tardio (detectado após diagnóstico precoce da doença em irmãos), quatro fenilcetonúricos com diagnóstico precoce realizado em outros laboratórios **e** 16 pacientes transferidos de outras localidades, num total de 120 pacientes (dados relativos a dezembro de 2000)";

note-se que '*al*ém *de*' é um recurso usado pelo locutor para acrescentar *19 pacientes*, mais *quatro*, mais *16*, que, somados aos *81* já apresentados, totalizam *120*.

É importante ressaltar, neste trecho, a existência de um organizado de orientações feitas ao interlocutor: primeiro, tem-se o uso da expressão '*com diagnóstico tardio*' caracterizando-se os 19 pacientes e, por sua vez, acompanhada de outra expressão entre parênteses (*detectado após diagnóstico precoce da doença em irmãos*), com a qual se esclarece sobre o que se compreende por *diagnóstico tardio* e se evidencia a condição tardia da época em que se percebeu a existência daqueles pacientes. Em segundo lugar, vê-se o uso da expressão *com* '*diagnóstico precoce*', agora se caracterizando os quatro fenilcetonúricos diagnosticados em outro laboratório: note-se a orientação quanto ao tempo '*precoce*' do diagnóstico e a indiciação dêitica do lugar de onde se fala: a referência a *outros laboratórios* aponta a existência do 'aqui' (correspondente a 'este' laboratório), lugar instanciado pelo sujeito discursivo (situação semelhante à referência feita, logo na sequência a *outras localidades*). Por fim, saliente-se a referência dêitica ao presente enunciativo, ao se dizer que os pacientes '*estão em tratamento*', e na sequência explicar '*(dados relativos a dezembro de 2000)*'[109].

b. **Uma precisão/imprecisão; uma certa reserva, em relação ao que se vai dizer; e/ou uma sequência temporal aplicável a um conjunto de informações e/ou argumentos apresentados pelo locutor, como se vê, respectivamente, em**

109. "*No 4º mês de vida, iniciam-se as frutas e **posteriormente** os legumes* [...]";

111. "*A fenilalanina prescrita na dieta varia de acordo com os níveis séricos desse aminoácido que, por isso, são monitorados **frequentemente**";

114. "*Esses pacientes também* não devem receber alimentos de origem animal ricos em zinco, *cuja absorção pode estar alterada também, **provavelmente**, pelas relações intraluminais com outros micronutrientes*".

---

[109] Considere-se que o artigo foi publicado em 2001.

c. **Uma dada concepção subjetiva que se tenha do objeto discursivo na relação Enunciador/Enunciatário, em**

104. *"Nos fenilcetonúricos o acúmulo sérico de fenilalanina, decorrente da deficiência da fenilalanina hidroxilase hepática, ocasiona alterações **importantes** no sistema nervoso central (SNC), com retardo mental **irreversível**. O tratamento precoce (ideal até 21 dias de vida) evita as manifestações da doença e consiste em uma dieta restrita em fenilalanina, **sendo fundamental** a utilização de uma mistura de aminoácidos isenta de fenilalanina ou contendo-a com pequena quantidade de fenilalanina"*;

é notável que os termos grifados são evidentes indiciadores da 'visada' do sujeito em relação ao que, para ele, é o objeto científico ou a ciência em si. Tem-se, em todos os casos, uma concepção subjetiva da coisa dita, uma participação de quem diz na configuração do objeto do discurso, independentemente do grau dessa participação: observe-se que atribuir o predicativo '***importantes***' às alterações no SNC evidencia uma participação mais particularizada do que dizer que o retardo mental é ***irreversível***: no primeiro caso, tem-se uma perspectiva mais individualizada do sujeito que fala em relação ao que se fala; já no segundo, fala-se de um certo domínio, de uma certa condição mais ou menos universal, aplicável à condição humana e ao grau de evolução da ciência que ainda 'permite' a afirmação de que é ***irreversível*** o referido retardo mental.

d. **Uma oposição a um conjunto de argumentos apresentados pelo locutor e um dado que justifique o contraste argumentativo em um determinado domínio do saber:**

115. *"**Apesar de** o leite materno ter menores concentrações de fenilalanina,//**quando** comparado a outros leites,//não é possível* manter o aleitamento materno exclusivo,//***pois*** *esse, quando em livre demanda, causa aumento nos* níveis séricos de fenilalanina, *danosos ao SNC"*;

note-se que o caso *supra* revela um trabalho de construção textual em o que o locutor subordina um conjunto de informações coexistentes ao fato principal de ser '*impossível manter o aleitamento materno exclusivo*': a primeira informação mostra uma percepção subjetiva de quem fala segundo a qual o fato de o leite materno ter menores concentrações de fenilalanina contrasta (*apesar de*) com a informação principal, inobstante não impedir a existência desta. A segunda apresenta uma relativização da 'verdade' de '*o leite materno ter menores concentrações de fenilalanina*': esclarece-se que a referida concentração é menor quando em comparação a outros leites. E a terceira explica o fato principal, põe em evidência o motivo pelo qual '*não é possível* manter o aleitamento materno exclusivo'. Note-se que todas essas questões estão evidentes na forma de dizer a ciência, na escolha — feita pelo sujeito enunciador — de palavras, expressões, ordem, com as quais se alcança a 'façanha' de fazer e dizer a ciência.

Eis alguns exemplos que confirmam a hipótese de que a modalização é um recurso por meio do qual se pode verificar a participação do sujeito nas construções linguísticas que ele faz ao dizer a ciência que tem das coisas, mesmo que o faça (ou sobretudo se o fizer) numa condição específica de interação, numa determinada prática discursiva em que, dada a necessidade de universalização do que é falado, ele (o sujeito) tenha de rarefazer a evidência da sua participação, da sua presença e amiudar a frequência do que é apreendido pelo conhecimento, do objeto de estudo.

4.4.3 A construção dos enunciados

Considerando-se a fala de que a construção dos enunciados científicos está diretamente relacionada à realização das modalidades alética, apreciativa, lógica ou epistêmica, deôntica e pragmática ou cognitiva, pode-se relacionar no texto em análise à presença de enunciados que se caracterizam de acordo com:

a. **A modalidade alética:**

104. "*Nos fenilcetonúricos <u>o acúmulo sérico de fenilalanina</u>, decorrente da deficiência da fenilalanina hidroxilase hepática, **ocasiona** alterações importantes no sistema nervoso central (SNC) [...]*";

111. "*Na dieta, <u>as quantidades de</u> fenilalanina, tirosina e proteínas **são definidas** com base nas recomendações para fenilcetonúricos. <u>A fenilalanina</u> prescrita na dieta **varia** de acordo com os níveis séricos desse aminoácido*".

São asserções, declarações, afirmações com as quais o locutor constrói a sua certeza quanto ao que se diz; *são* os chamados enunciados universais, característicos dessa modalidade.

b. A modalidade apreciativa:

104. *"Nos fenilcetonúricos o acúmulo sérico de fenilalanina, decorrente da deficiência da fenilalanina hidroxilase hepática, ocasiona alterações **importantes** no sistema nervoso central (SNC), com retardo mental **irreversível**. O tratamento precoce (ideal até 21 dias de vida) evita as manifestações da doença e consiste em uma dieta restrita em fenilalanina, **sendo fundamental** a utilização de uma mistura de aminoácidos isenta de fenilalanina ou contendo-a com pequena quantidade de fenilalanina".*

Tem-se, no caso *supra*, um exemplo de enunciado resultante de um modo de dizer que demonstra a construção subjetiva de uma tendência argumentativa: tem-se uma evidência da visada do sujeito enunciador em relação ao que está enunciado.

c. A modalidade lógica ou epistêmica:

114. *"A dieta do fenilcetonúrico é muito pobre em ferro com boa biodisponibilidade e sua absorção **pode estar** alterada pela relação com outros micronutrientes na luz intestinal. Esses pacientes também não devem receber alimentos de origem animal ricos em zinco, cuja absorção **pode estar** alterada também, provavelmente, pelas relações intraluminais com outros micronutrientes".*

Eis um exemplo de enunciado que indicia o ponto de vista do locutor em relação ao valor de verdade do que é dito: nos dois casos, a 'verdade' relativa ao fato de a absorção os citados alimentos ser/estar alterada é posta ao interlocutor como uma possibilidade. Este aspecto, em última análise, aponta para a construção subjetiva da verdade científica.

d. A modalidade deôntica:

113. *"O aleitamento materno **pode ser mantido** como fonte de fenilalanina, iniciando uma dieta mista, juntamente com a Fórmula Especial (isenta de fenilalanina), feita com a mistura de aminoácidos. Com a introdução da Fórmula Especial, o volume de leite materno ingerido é limitado às **necessidades** de fenilalanina, **sendo poss**ível manter o controle dos níveis séricos de acordo com o estabelecido para fenilcetonúricos";*

114. *"Esses pacientes também **não devem receber** alimentos de origem animal ricos em zinco".*

Esses exemplos tornam evidentes o uso do auxiliar *'dever'* e/ou de mecanismos semelhantes, como índice das avaliações do locutor quanto aos valores sociais de permissão, proibição, necessidade, desejo etc., característicos da modalidade deôntica.

4.5 Análise comparativa

Façamos uma análise comparativa dos quatro textos aqui examinados. E, retomando-se a fala apresentada no início deste capítulo, essa confrontação visa a perseguir as questões de ordem discursiva que evidenciam a implementação de mecanismos linguístico-cognitivos de modalização aplicados na construção da inter-relação enunciador/referência/enunciatário no processamento de textos científicos, com os quais o sujeito discursivo sinaliza a sua participação efetiva na construção do conhecimento numa determinada prática de discurso.

Falou-se também que a escolha desses textos se deu em função de que cada um deles trata, entre outras questões, de um assunto comum, a fenilcetonúria, e faz isso cada um à sua forma, o que sugere a afirmação hipotética de que o objeto da ciência é, outrossim, determinado pela interação linguística; e o texto científico, como qualquer outro, é o resultado de uma atividade linguística em que se supõe a relação enunciador/enunciatário, indiciadora da construção de sujeito(s) enunciativo(s) em instâncias de enunciação e que, por isso mesmo, coloca em evidência a condição de subjetividade com que é construído.

Nesse sentido esta análise comparativa será construída tendo-se em vista três aspectos: a) a semelhança nas estratégias de textualização do assunto referenciado; b) o modo de dizer a referência (as diferentes maneiras de se ver a fenilcetonúria, expressas por cada locutor); c) a escolha do vocabulário, dada a relação Enunciador/Enunciatário.

Para não dizer que este trecho se afigura como tautológico, salientamos que o primeiro aspecto dessa análise comparativa (a semelhança nas estratégias de textualização do assunto referenciado) está expressamente exposto nas análises anteriores, em que fizemos referência comparativa ao fato de que todos os textos possuem princípios semelhantes de textualização, seja i) na 'construção da situação de interlocução' (a escolha do meio de circulação do texto, a escolha do gênero/tipo textual, o estabelecimento da interlocução); seja ii) na 'construção do texto' (a escolha dos tópicos discursivos e o seu gerenciamento, a articulação dos

UNIVERSO LINGUÍSTICO DA CIÊNCIA: SUBJETIVIDADE, INTERAÇÃO E MODALIZAÇÃO DO FAZER CIENTÍFICO

tópicos e subtópicos discursivos, a referenciação da relação enunciador/ enunciatário, o processamento dêitico utilizado na referenciação da relação enunciador/enunciatário, a modalização do conteúdo referenciado); ou ii) na 'construção dos enunciados'.

Quanto ao segundo aspecto, basta justapor a forma de tratamento que se dá, em cada texto, à fenilcetonúria, uma unidade comum a todos eles. Estão apresentados, a seguir, os trechos de cada texto em que se trata dessa doença. E, na sequência, veja-se o quadro de análise comparativa, em que se expõe e comenta um conjunto de manifestações subjetivas, de caráter diferenciado, com que cada locutor desenvolve o seu modo de ver a fenilcetonúria.

Texto 01

Você já ouviu falar do **teste do pezinho?** Trata-se de um exame clínico, realizado em recém-nascidos, que permite verificar se a criança tem uma doença genética chamada **fenilcetonúria** (ou PKU). O que é exatamente a fenilcetonúria? Trata-se de uma doença causada por um gene defeituoso, que impede a utilização celular correta de um aminoácido, a fenilalanina, existente nos alimentos, já que esse aminoácido não é utilizado corretamente, ele e alguns de seus derivados se acumulam e causam vários problemas aos fenilcetonúricos, inclusive retardo mental. No entanto, descobrir, assim que uma criança nasce, que ela tem fenilcetonúria permite tratá-la. através de uma dieta adequada, pobre em fenilalanina; nesses casos, seu desenvolvimento ocorre de forma totalmente normal.

Texto 02

Mesmo que o gene provoque a doença, esta às vezes pode ser evitada, como ocorre na fenilcetonúria, causada pelo acúmulo do aminoácido fenilalanina no sangue. Parte da fenilalanina que ingerimos é usada na produção de proteínas; outra parte é transformada em tirosina, que, por sua vez, pode se tornar melanina, o pigmento que dá cor à pele. Algumas pessoas, no entanto, possuem um gene recessivo que não fabrica a enzima para essa transformação.

O gene recessivo causador da fenilcetonúria localiza-se no cromossomo 12 e é encontrado em cerca de uma em cada 25000 pessoas. Se uma criança tiver esse gene em dose dupla, e se isso não for detectado logo após o nascimento, a fenilalanina acumula-se no sangue, provocando lesões cerebrais, problemas neurológicos, atrasos no desenvolvimento físico e deficiência mental. Por isso, os recém-nascidos são submetidos a um teste de laboratório para diagnosticar a doença. Se for positivo, o médico prescreve uma dieta pobre em fenilalanina. A criança deve evitar também o consumo de adoçantes à base de aspartame, que contêm fenilalanina.

Embora a fenilcetonúria seja evitada por uma dieta especial, o gene defeituoso continua presente no organismo e pode ser passado para os filhos. No futuro, porém, a doença pode vir a ser eliminada pela terapia gênica: neste caso, o gene defeituoso é substituído por um gene normal, corrigindo definitivamente o problema.

Texto 03

Garrot interpretou essa anomalia como decorrente da falta de uma enzima para decompor a alcaptona em substâncias incolores. A ausência da enzima seria devida a "erros" na informação genética, os quais ele denominou **erros inatos do metabolismo.** Posteriormente, verificou-se que outras anomalias hereditárias também ocorrem em função desses "erros" na informação genética. E o caso da **fenilcetonúria**, do **albinismo** e do **cretinismo**.

Na **fenilcetonúria**, a pessoa afetada não sintetiza uma enzima que permite a metabolização da fenilalanina. Esta, então, acumula-se no sangue, trazendo prejuízos ao cérebro e determinando retardo mental. A anomalia pode ser detectada logo que a criança nasce, pelo "teste do pezinho", obrigatório em todas as maternidades do país. Descoberta a anomalia, a criança deve ser submetida a uma dieta pobre em fenilalanina, conseguindo-se assim evitar o retardo mental.

Texto 04

Nos fenilcetonúricos o acúmulo sérico de fenilalanina, decorrente da deficiência da fenilalanina hidroxilase hepática, ocasiona alterações importantes no sistema nervoso central (SNC), com retardo mental irreversível. O tratamento precoce (ideal até 21 dias de vida) evita as manifestações da doença e consiste em uma dieta restrita em fenilalanina, sendo fundamental a utilização de uma mistura de aminoácidos isenta de fenilalanina ou contendo-a com pequena quantidade de fenilalanina. Essa mistura é usada para completar o aporte protéico necessário para promover o crescimento e desenvolvimento adequados, já que a ingestão de proteínas é controlada.

O tratamento tem como objetivo manter os níveis séricos de fenilalanina de acordo com os valores de referência para fenilcetonúricos, níveis esses que apresentam variação conforme a idade do paciente (Tabela 1).

Considere o quadro a seguir:

Quadro 4 – Análise comparativa dos quatro textos

Dado	Texto 01	Texto 02	Texto 03	Texto 04
Forma de apresentação da Fenilcetonúria na MT	Você já ouviu falar do **teste do pezinho?** Trata-se de um exame clínico, realizado em recém-nascidos, que permite verificar se a criança tem uma doença genética chamada **fenilcetonúria** (ou PKU).	Mesmo que o gene provoque a doença, esta às vezes pode ser evitada, como ocorre na fenilcetonúria.	Posteriormente, verificou-se que outras anomalias hereditárias também ocorrem em função desses "erros" na informação genética. É o caso da **fenilcetonúria.**	Abordagem Dietética para Fenilcetonúria (Título)
A fenilcetonúria e sua causa	O que é exatamente a fenilcetonúria? Trata-se de uma doença causada por um gene defeituoso	como ocorre na fenilcetonúria, causada pelo acúmulo do aminoácido fenilalanina no sangue.	(a definição deve ser abstraída pelo interlocutor: este precisa buscar na rede textual a informação de que a fenilcetonúria é decorrente dos chamados erros inatos do metabolismo)	(não há a informação: o interlocutor pode inferir que a doença seja o acúmulo sérico de fenilalanina, e a sua causa decorre da deficiência da fenilalanina hidroxilase hepática).
A Fenilcetonúria e seu funcionamento	Há um gene defeituoso e há, nos alimentos, um aminoácido: a fenilalanina; aquele gene impede a utilização celular correta deste aminoácido e, por isso, este e seus derivados (não se especificam tais derivados) se acumulam no sangue e causam vários problemas aos fenilcetonúricos (um dos quais, apenas, é especificado).	Parte da fenilalanina que ingerimos é usada na produção de proteínas; outra parte é transformada em tirosina, que, por sua vez, pode se tornar melanina [...]. Algumas pessoas, no entanto, possuem um gene recessivo que não fabrica a enzima para essa transformação. [...].Se uma criança tiver esse gene em dose dupla, e se isso não for detectado logo após o nascimento, a fenilalanína acumula-se no sangue, ...	Há os chamados erros inatos do metabolismo, em função dos quais ocorrem anomalias hereditárias: é o caso da fenilcetonúria. Na **fenilcetonúria**, a pessoa afetada não sintetiza uma enzima que permite a metabolização da fenilalanina. Esta, então, acumula-se no sangue, ...	(não se dá explicação para o fenômeno, a não ser a informação de que o acúmulo sérico de fenilalanina, decorrente da deficiência da fenilalanina hidroxilase hepática, ocasiona alterações importantes no sistema nervoso central (SNC)).

Fonte: elaborado pelo autor

São óbvias, vistas no quadro, as questões de modalização do que é dito a respeito da fenilcetonúria. No Texto 01, há pergunta e resposta retóricas, para se falar do 'teste do pezinho' realizado em recém-nascidos, que permite a identificação de *uma doença genética*. É notável que esta doença é apresentada ao interlocutor, considerando-se que este ainda não tenha conhecimento prévio relativo a tal assunto. Diferentemente é tratado o interlocutor dos Textos 02 e 03: a fenilcetonúria é apresentada como um dado conhecido dos sujeitos interlocutores, razão pela qual se faz uso do artigo definido. Ressalva-se o fato de, no Texto 02, a expressão *na fenilcetonúria* apontar para uma determinada circunstância, um determinado domínio em que se prova a possibilidade de se evitar determinadas doenças mesmo que genéticas; enquanto no Texto 03 a fenilcetonúria é colocada como um exemplo de anomalias hereditárias. E, no Texto 04, a referência à doença é um dos primeiros dados da interlocução.

Também salta à vista a diferença com que os locutores tratam a causa da fenilcetonúria: no primeiro texto, aponta-se *um gene defeituoso* como o causador da doença; no segundo, o acúmulo no sangue do aminoácido fenilalanina; no terceiro, subentende-se que sejam os chamados erros inatos do metabolismo; e, finalmente, no quarto, põe-se em evidência o acúmulo sérico de fenilalanina. Note-se que, embora de forma muito diferente, aos pares, os Textos 01//03 e 02//04 apontam as mesmas causas. E, entre os dois motivos apresentados, a diferença se faz no ponto de incidência da origem da doença, evidenciado pelos locutores: enquanto, em 01 e 03, 'volta-se' ao gene, que impede a sintetização da fenilalanina e proporciona o acúmulo desta no sangue, em 02 e 04, focaliza-se 'já' o citado acúmulo. Na mesma ordem tem-se a avaliação que fazem quanto ao processo de 'funcionamento' da doença: retome-se o quadro e perceba-se que 'os olhos' daqueles locutores desvelam diferentemente aquilo que se lhes saltam à vista. Perceba-se que todos os sujeitos examinam uma mesma existência (causa e funcionamento da fenilcetonúria) e, ao contrário, põe em evidência, cada um, a sua perspectiva: uns focam também o gene, outros, apenas o acúmulo sérico de uma enzima.

Mostrando-se essa condição subjetiva de se ver e construir a realidade, tem-se, também, a forma diferenciada como os locutores falam das consequências da fenilcetonúria: o primeiro, sem revelar quais são, diz haver vários problemas, e argumenta ser o *retardo mental* o pior deles (note-se o valor argumentativo do termo *inclusive*); já o segundo apresenta a possibilidade, salvo dadas condições, de o acúmulo de fenilalanina no sangue *provocar lesões cerebrais, problemas neurológicos, atraso no desenvolvimento e deficiência mental*. O terceiro, também sem citar, diz que <u>na fenilcetonúria</u> a fenilalanina acumula-se no sangue, *trazendo prejuízos ao* cérebro e determinando *retardo mental*. Finalmente, o quarto só mostra que a doença '*ocasiona alterações importantes no sistema nervoso central (SNC)*'.

Ainda se pode notar a forma particular com que, em cada texto, se nomeia a doença e se preceitua o seu diagnóstico. O quadro é autoexplicativo: volte-se a ele.

Perceba-se, ademais, a recomendação dada quanto ao tratamento da doença. No primeiro texto, retiram-se os agentes discursivos e evidenciam--se as ações correlacionadas (*descobrir* e *tratar*) de tratamento, isto é, não se menciona quem descobre nem quem trata a doença, apenas se afirma que *descobrir permite tratar*, fazendo-se uso de uma dieta adequada; no segundo, há a presença de agentes, *o médico prescreve uma dieta* e *a criança deve evitar*; já no terceiro, tem-se o uso da passividade verbal, *descoberta a anomalia, a criança deve ser submetida*; e, o no quarto texto, tematiza-se o tratamento e o apresenta como *uma dieta restrita em fenilalanina*.

O terceiro e último aspecto dessa análise comparativa, que tem como intenção evidenciar a participação do sujeito no conhecimento que este constrói, tendo-se em vista a relação Enunciador/Enunciatário, circunscreve-se no âmbito da escolha do vocabulário, do uso de diferentes palavras para se falar de um assunto comum. Considera-se que a diferença se dê em função das diferentes relações Ea/Ea: cada texto põe em evidência diferentes sujeitos locutores que falam a diferentes alocutários em diferentes situações de interação. E, nessa condição, agenciam palavras que atendam a cada situação de comunicação, a cada interação. Se se verifica, por exemplo, que os trechos seguintes

104. "*Nos fenilcetonúricos o* **acúmulo sérico de fenilalanina**, *decorrente da* **deficiência da fenilalanina hidroxilase hepática**, *ocasiona alterações importantes* **no sistema nervoso central (SNC),** *com retardo mental irreversível*";

108. "*Essa mistura é usada para completar o* **aporte protéico** *necessário* para promover o crescimento [...]";

111. "*A fenilalanina* **prescrita** *na dieta varia de acordo com* **os níveis séricos** *desse aminoácido que, por isso, são* **monitorados** *frequentemente*";

114. "*A dieta do fenilcetonúrico é muito pobre em ferro com boa **biodisponibilidade** e sua **absorção** pode estar alterada pela relação com outros **micronutrientes na luz intestinal**. Esses pacientes também não devem receber alimentos de origem animal ricos em zinco, **cuja absorção** pode estar alterada também, provavelmente, pelas relações intraluminais com outros micronutrientes*"

foram usados, exclusivamente, no Texto 04, intitulado '*Artigo Original*', e se se concebe que a escolha dos termos sublinhados se dá em função de que este texto foi escrito para uma situação de produção em que se preveem como interlocutores biólogos, médicos, cientistas e especialistas da área de saúde, percebe-se que os interlocutores construídos pelo texto pertencem a um lugar-comum, a um domínio de discurso em que tais palavras e expressões são da ordem usual dos sujeitos que o compõem. E, nessa condição, ao produzir enunciados com tais palavras, o locutor, mais que ordená-las numa dada disposição gramatical, está promovendo o exercício de se fazer sujeito dessa prática discursiva, considerando outros sujeitos que também pertençam a ela.

Ter essa consciência do outro discursivo, do interlocutor com quem se constrói a interação linguística, é também uma atividade discursiva que garante que sujeitos já pertencentes a um determinado domínio possam adequar a sua fala a outros, mesmo que estes ainda não pertençam à sociedade de discurso daqueles. É o que acontece com a realização dos três primeiros textos da análise (escritos para principiantes e principiados na ciência), em que locutores do meio científico/acadêmico agenciam, discursivamente, palavras com que promovem uma dada interação com estudantes do ensino fundamental e médio, de forma tal que se garanta êxito na produção de sentido ao que se fala. Veja-se, por exemplo, como se constrói, no Texto 04, em (104), uma dada informação,

104. "*Nos fenilcetonúricos o acúmulo sérico de fenilalanina, decorrente da deficiência da fenilalanina hidroxilase hepática, ocasiona alterações importantes no sistema nervoso central (SNC), com retardo mental irreversível*",

que remete a um conjunto de referências semelhante ao que se construiu no Texto 03:

91. "*Na fenilcetonúria, a pessoa afetada não sintetiza uma enzima que permite a metabolização da fenilalanina. Esta, então, acumula-se no sangue, trazendo prejuízos ao* cérebro *e determinando retardo mental*".

A diferença, no entanto, está no processamento do enunciado, na seleção lexical, na forma de dizer visivelmente diversa com que os locutores, tendo em vista a relação Enunciador/Enunciatário, promovem a construção do texto, como se vê no quadro seguinte, que, por si só, é uma explicação.

Quadro 5 – Análise comparativa dos Textos 03 e 04

Texto 04	Texto 03
... acúmulo sérico de fenilalanina ...	*Esta* (a fenilalanina), *então, acumula-se no sangue ...*
... decorrente da deficiência da fenilalanina hidroxilase hepática ...	*... a pessoa afetada não sintetiza uma enzima que permite a metabolização da fenilalanina.*
ocasiona alterações importantes no sistema nervoso central (SNC). com retardo mental irreversível.	*... trazendo prejuízos ao cérebro e determinando retardo mental.*

Fonte: elaborado pelo autor

As questões apresentadas até aqui elucidam, significativamente, as assertivas já construídas ao longo deste livro, segundo as quais, inevitavelmente, o sujeito participa do conhecimento que constrói, e, ao sistematizá-lo e dizê-lo a outros, 'imprime' sua marca discursiva na materialidade do texto que produz, mesmo que tenha de obedecer a determinadas práticas de discurso, para se fazer aceito no lugar do saber instituído, numa determinada pertença científica, que, por sua vez, reconhece e institui sujeitos discursivos. E o processamento da modalização é um mecanismo por meio do qual se indiciam tais marcas, que, em última análise, são de marcas de subjetividade.

CONSIDERAÇÕES FINAIS

Considerando-se o que aqui postulamos, bem como a força dos textos postados como epígrafe, eis, então, no processamento de textos científicos, a correlação entre i) a ativação de mecanismos sintático--discursivos de modalização e ii) a manifestação do EU e das marcas de subjetividade na materialidade dos enunciados constituintes de tais textos. Reconhecemos esse ser etéreo, essa essência imponderável, que é o **EU**, e examinamos, pelo menos, os aspectos relativos a sua natureza e sua participação na construção da ciência. E ficou evidente que esta se caracteriza também como abstração e se constitui no 'espaço vazio' do conhecimento humano, que na voz dos poetas (Gil e Antunes) é ciência que *não se aprende*, é ciência que *apreende a ciência em si*.

Notamos que a manifestação linguística evidencia o funcionamento de instâncias de enunciação construtoras do *'eu'* e do *'tu'* discursivos e, inevitavelmente, da referência do discurso e vimos que o exercício linguístico revela a subjetividade inerente ao próprio exercício da linguagem. E essa subjetividade é, no ser, uma propriedade fundamental da linguagem, pois cada ser se apresenta nesta e por meio desta como *sujeito*, remetendo a si mesmo como *eu* e propondo outra pessoa como *tu*, que se torna o seu eco, o espelho da poetisa (Tiscate), através do qual *'passo além de mim/ me atravesso/ me conheço ao avesso'* e *'quando os meus olhos/ cruzam se no espelho/ me atravesso me conheço'* e *'do outro lado do avesso/ lá também estou EU'*.

Assumimos que o modo de "ser do homem", concebido por meio das manifestações de linguagem, é definido, desvelado pela relação perpétua do *cogito* com o impensado. E se, para Foucault, esse desvelamento se dá com a manifestação simultânea do 'Duplo do ser', na distância ínfima que reside no "e" do pensamento <u>e</u> do impensado, do empírico <u>e</u> do transcendental, para os poetas (Gil e Rennó), desvela-se *"Entre a célula e o céu/ O DNA e Deus/ O quark e a Via Láctea/ A bactéria e a galáxia/ o agora e o eon/ O íon e o Órion/ A lua e o magnéton/ a estrela e o elétron/ o glóbulo e o globo blue/ **<u>Eu, um cosmos em mim só/ Um átimo de pó</u>**"* (grifo meu).

Enfim, mostramos que o processamento de modalização de textos, inclusive os ditos objetivos (os de domínio científico), indicia a participação do sujeito na construção da referência discursiva, o que se caracteriza, primordialmente, como manifestação da subjetividade. E este livro, essencialmente, convida-nos a um redimensionamento das atividades de análise e produção/recepção de textos na escola. Pode-se investir mais num 'modelo' de processamento discursivo a partir do qual se pode entender as estratégias de explicitação/escondimento das marcas de subjetividade construídas e modalizadas, no processamento discursivo de enunciados, de acordo com a condição de interlocução em que se estabelece a relação enunciador/enunciatário, inclusive nos textos científicos.

Para terminar, faço duas considerações; a **primeira** volta-se ao processamento da modalização: mais uma vez, recorrendo-se à '*po[]esis*' (na voz de Duzek), entende-se o posicionamento de cinco interlocutores, numa dada situação em que cada um é '*indagado*' sobre "*o que é o amor*", e o primeiro fala que este 'é um grande fogo'; o segundo diz que 'é um jogo'; o terceiro, que '*usa tantas fases*' e 'é uma luz que não *tem fim* ´ ; o quarto garante que é tempestade; o quinto conta '*sem piscar*' que 'é pura eternidade'. Na perspectiva que se mostrou aqui, as cinco respostas se constituem em asserções aléticas, como o são "*a terra gira*" ou "*a água ferve a 100º C*". Mas, obviamente, cada uma delas faz conhecer o estado, a condição, a forma de ser do seu sujeito enunciador, e em função dessa dada condição de quem fala é que se fala como se fala.

A **segunda** propõe-se a explicar o meu sentimento quanto à questão do sujeito, da subjetividade e da construção do conhecimento: quando 'as-SI-no', marco com sinal uma produção, seja ela artística, seja literária, científica, faço-me sujeito, que mostra <u>ser</u> esta uma manifestação da extensão do seu (*meu*) <u>eu</u> — um NÓ a ser explicado. Tal manifestação, processada pelo <u>eu</u>, originado do (e no) <u>ser</u> (o verbo por excelência), é a própria evidência do <u>ser</u>, que, feito NÓ, busca, mostra, explica <u>nós</u> e, por associação, se faz NÓS a um outro ser — o outro da interlocução — e sinaliza, em SI, que, por <u>ser</u> e permanecer <u>eu</u>, pode-se fazer d'<u>eus</u>, resultar-se, ainda mais, dessa união d'<u>eus</u>, e promover a *SCI-ENTIA*, a CI-ÊNCIA[110], a [Si-ê-si-a]. Esta, necessariamente, uma extensão do <u>eu</u> (um uno d'<u>eus</u>), é, daquilo que o homem vive e percebe, a parte minúscula que este conse-

---

[110] Segundo Holanda: ência [Do lat. –*entia*: por via semierudita] 1. Equiv. a -*ença*. // Ença [Do lat. -*entia*, por via popular.] Suf. 1. = 'ação ou resultado da ação'; 'qualidade': 'estado'.

gue explicar e associar àquela rede de NÓS. Agora, o lado distinto, o LÓ[111], aquele que, SÓ, é fenômeno ainda não explicado pelo <u>eu</u>, e é a integridade do mundo vivido do <u>eu</u>, a plenitude ainda a ser percebida pelo <u>eu</u>, é o Mistério. O SER. O pleno D'EUS. E **eu**, buscando a integridade d'<u>eu</u>s, mesmo ainda não feito D'EUS, tão somente **sou eu**.

---

[111] Esta palavra, neste contexto, é uma analogia a 'cada uma das metades da embarcação para um e outro bordo'. O seu uso, aqui, se dá pela sua significação relacionada ao 'lado da embarcação voltado para barlavento', que é a direção de onde sopra o vento, de onde vem a força que move os barcos.

REFERÊNCIAS

A CIÊNCIA em si. Intérprete e compositor: Gilberto Gil. *In:* QUANTA. Intérprete: Gilberto Gil. Rio de Janeiro: Warner Records, 1997a. 1 CD.

ÁTIMO de pó. Intérprete e compositor: Gilberto Gil. *In:* QUANTA. Intérprete: Gilberto Gil. Rio de Janeiro: Warner Records, 1997a. 1 CD.

BAKHTIN, Mikhail. *Estética da criação verbal.* Tradução de Maria Ermentina Galvão. 3. ed. São Paulo: Martins Fontes, 2000. Título original: Estetika slovesnogo tvortchestva.

BENVENISTE, Emile. *Problemas de linguística geral – I.* Tradução de Maria da Glória Novak e Maria Luisa Neri; revisão do Prof. Isaac Nicolau Salum. 4. ed. Campinas: Pontes, 1995. Título original: Problemès de linguistique générale.

BENVENISTE, Emile. *Problemas de linguística geral – II.* Tradução de Eduardo Guimarães et al. Campinas-SP: Pontes, 1989. Título original: Problemès de linguistique générale II.

BERLINK, Rosane de Andrade; AUGUSTO, Marina Rosa Ana; SCHER, Ana Paula. Sintaxe. *In:* MUSSALIM, Fernanda; BENTES, Anna Christina (org.). *Introdução à linguística:* domínios e fronteiras. 2. ed. São Paulo: Cortez, 2001. v. 1, p. 103-142.

BARTHES, Roland. *O grau zero da escrita.* Tradução de Mario Laranjeira. São Paulo: Martins Fontes, 2000. Título original: Lê degré zero de l'écriture.

BRANDÃO, Helena Hathsue Nagamine. *Introdução à análise do discurso.* Campinas: E. Unicamp, 1998a.

BRANDÃO, Helena Hathsue Nagamine. *Subjetividade, argumentação, polifonia.* São Paulo: Editora da Unesp, 1998b.

BRONCKART, Jean-Paul. *Atividade de linguagem, textos e discursos:* por um interacionismo sócio-discursivo. Tradução de Anna Rachel Machado e Péricles Cunha. São Paulo: Educ, 1999. Título original: Activité langagière, texts et discours. Pour un interactionisme socio-discursif.

CAJAL, Santiago Ramon y. *Regras e conselhos sobre a investigação científica.* São Paulo: T.A. Queiroz Ed., 1979.

CASSIRER, Ernest. *A filosofia das formas simbólicas*. Tradução de Marion Fleischer. São Paulo: Martins Fontes, 2001. Título original: Philosophie der symbolidchen Formem: die sprache.

CAVALCANTE, Sandra Maria Silva. *A metáfora no processo de referenciação*. 2002. Dissertação (Mestrado em Letras) – Pontifícia Universidade Católica de Minas Gerais, Belo Horizonte, 2002.

CHOMSKY, Noam. A linguagem e a mente. *In*: CHOMSKY, Noam *et al. Novas perspectivas de linguísticas*. Petrópolis: Vozes, 1971. p. 11-51.

CHOMSKY, Noam. *O conhecimento da língua*: sua natureza, origem e uso. Lisboa: Caminho, 1994.

CORACINI, Maria José Rodrigues Faria. *Um fazer persuasivo*: o discurso subjetivo da ciência. São Paulo; Campinas: Educ; Pontes, 1991.

CRUZ, Maria Aparecida Lopes da. Leitura e discurso científico. *Transinformação*: Revista Eletrônica de Publicação Quadrimestral, Campinas, v. 8, n. 3, p. 143-154, set./dez. 1996. Disponível em: https://periodicos.puc-campinas.edu.br/transinfo/article/view/1605/1577. Acesso em: 30 jul. 2008.

DAHLET, Patrick. Dialogização enunciativa e paisagens do sujeito. *In:* BRAIT, Beth (org.). *Bakhtin, dialogismo e construção do sentido*. Campinas: Editora da Unicamp, 1997. p. 225-246.

DUBOIS, Jean *et al. Dicionário de lingüistica*. 15. ed. Tradução de Barros, F. et al. São Paulo: Cultrix, 2001.

FAIRCLOUGH, Norman. *Discurso e mudança social*. Tradução de Izabel Magalhães et al. Brasília: Editora Universidade de Brasília, 2001. Título original: Discourse and social change.

FERREIRA, Aurélio Buarque de Holanda. *Novo Aurélio do século XXI*: o dicionário da língua portuguesa. Rio de Janeiro: Editora Nova Fronteira, 1999.

FOUCAULT, Michel. *A arqueologia do saber*. Tradução de Luiz Felipe Baeta Neves. 6. ed. Rio de Janeiro: Forense Universitária, 2000. Título original: L'Archéologie du Savoir.

FOUCAULT, Michel. *A ordem do discurso*. Aula inaugural no Collège de France, pronunciada em 02 de dezembro de 1970. Tradução de Laura Fraga de Almeida

Sampaio. São Paulo: Edições Loyola, 1996. Título original: L'Orde du discours: leçon inaugurale au Collège de France.

FOUCAULT, Michel. *As palavras e as coisas*. 8. ed. Tradução de Salma Tannus Muchail. São Paulo: Martins Fontes, 1999. Título original: Les mots et les choses.

FOUCAULT, Michel *et al. O homem e o discurso:*a arqueologia de Michel Foucault. 2. ed. Rio de Janeiro: Tempo Brasileiro, 1996.

GERALDI, João Wanderley. *Portos de passagem*. São Paulo: Martins Fontes, 1997.

HABERMAS, Jürgen. Conhecimento e interesse. *In*: HABERMAS, Jürgen. *Técnica e ciência como "ideologia"*. Lisboa: Edições 70, 1987. p. 129-147. Originalmente publicada em 1965.

ILARI, Rodolfo; GERALDI, João Wanderley. *Semântica*. 7. ed. São Paulo: Ática, 1995.

JAKOBSON, Roman. *Linguística e comunicação*. Tradução de Izidoro Blikstein e José Paulo Paes. São Paulo: Cultrix, 1971.

KOCH, Ingedore Grünfeld Villaça. *Argumentação e linguagem*. 6. ed. São Paulo: Cortez, 2000.

KOCH, Ingedore Grünfeld Villaça. *Desvendando os segredos do texto*. São Paulo: Cortez, 2002.

KUHN, Thomas S. *A estrutura das revoluções científicas*. Tradução de Beatriz Vianna Boeira e Nelson Boeira. São Paulo: Perspectiva, 2001. Título original: The structure of scientific revolutions.

LÉVY, Pierre. *As tecnologias da inteligência*: o futuro do pensamento na era da informática. Tradução de Carlos Irineu da Costa. Rio de Janeiro: Editora 34, 1993. Título original: Les technologies de l'intelligence. L'avenir de la pensée à l'ère informatique.

LOPES, Maria Ângela Paulino Teixeira. *O processamento dêitico na constituição da polifonia*. 1998. Dissertação (Mestrado em Letras) – Pontifícia Universidade Católica de Minas Gerais, Belo Horizonte, 1998.

LOPES, Sônia. Cromossomos, ácidos nucléicos e genes. *In:* LOPES, Sônia. *Bio*. 4. ed. São Paulo: Saraiva, 1999. v. 3, cap. 2, p. 20.

LYOTARD, Jean-François. *O pós-moderno*. Tradução de Ricardo Correia Barbosa. 3. ed. Rio de Janeiro: José Olympio, 1990.

MAINGUENEAU, Dominique. *Termos-chave da análise do discurso*. Tradução de Márcio Venício Barbosa e Maria Emília Amarante Torres Lima. Belo Horizonte: UFMG/Ed, 1998. Título original: Les termes clés de l'analyse du discours.

MESQUITA FILHO, Alberto. *Ensaios sobre a filosofia da ciência*. Espaço científico cultural. 2000. Disponível em: https://www.ecientificocultural.com/ECC3/cap01. htm. Acesso em: 30 jul. 2002.

MORIN, Edgar. A noção de sujeito. *In*: SCHNITMAN, Dora Fried (org.). *Novos paradigmas, cultura e subjetividade*. Tradução de Jussara Haubert Rodrigues. Porto Alegre: Artes Médicas, 1996. p. 23-35. Título original: Nuevos paradigmas, cultura y subjetividad.

OLIVEIRA, Roberta Pires de. Semântica. *In*: MUSSALIM, Fernanda; BENTES, Anna Christina (org.). *Introdução à linguística*: domínios e fronteiras. 2. ed. São Paulo: Cortez, 2001. v. 1, p. 145-184.

OLHOS no espelho. Intérprete e compositor: Marielza Tiscate. *In:* Olhos no espelho. Intérprete: Marielza Tiscate. Rio de Janeiro: Arte Vital Produções, 2000. 1 CD.

PEARCE, W. Barnett. Novos modelos e metáforas comunicacionais: a passagem da teoria à prática, do objetivismo ao construcionismo social e da representação à reflexidade. *In*: SCHNITMAN, Dora Fried (org.). *Novos paradigmas, cultura e subjetividade*. Tradução de: Tradução de Jussara Haubert Rodrigues. Porto Alegre: Artes Médicas, 1996. p. 75-99. Título original: Nuevos paradigmas, cultura y subjetividad.

PERELMAN, Chaim. *Tratado da argumentação*: a nova retórica. Tradução de Maria Ermantina Galvão. São Paulo: Martins Fontes, 1996. Título original: Traité de l'argumentation.

PIRES, Sueli. *Estratégias discursivas na adolescência*. São Paulo: Arte Ciência; Unip, 1997. (Coleção Universidade aberta, v. 31).

POSSENTI, Sírio. *Discurso, estilo e subjetividade*. São Paulo: Martins Fontes, 1993.

POSSENTI, Sírio. Discurso: objeto da linguística. *In*: POSSENTI, Sírio. *Sobre o discurso*. Uberaba: Fista, 1979. p. 9-19. (Série Estudos nº 6).

SANTOS, Boaventura de Sousa. *Pela mão de Alice*: o social e o político na pós-modernidade. 8. ed. São Paulo: Cortez, 2001.

SANTOS, Boaventura de Sousa. *Um discurso sobre as ciências*. 13. ed. Porto: Edições Afrontamento, 2002. Originalmente publicada em 1987.

SANTOS, Maria Francisca Oliveira. A modalidade no discurso de sala de aula, em contexto universitário. *Revista do Gelne*, [s. l.], v. 2, n. 1/2, p. 1-5, 2016. Disponível em: https://periodicos.ufrn.br/gelne/article/view/9320. Acesso em: 13 maio 2016.

SCARPA, Éster Mirian. Aquisição da linguagem. *In*: MUSSALIM, Fernanda; BEN-TES, Anna Christina (org.). *Introdução à linguística*: domínios e fronteiras. 2. ed. São Paulo: Cortez, 2001. v. 2, p. 11-41.

SCHNITMAN, Dora Fried. Ciência, cultura e subjetividade. *In*: SCHNITMAN, Dora Fried (org.). *Novos paradigmas, cultura e subjetividade*. Tradução de Jussara Haubert Rodrigues. Porto Alegre: Artes Médicas, 1996. p. 13-22. Título original: Nuevos paradigmas, cultura y subjetividad.

SILVA JÚNIOR, César de Silva; SASSON, Sezar; SANCHES, Paulo Sérgio Bedaque. Genes defeituosos causam doenças. *In*: *Ciências: entendendo a natureza. O homem no ambiente*. 7. série. 12. ed. São Paulo: Saraiva, 1997. p. 206-207.

SOU eu. Intérprete e compositor: Eduardo Duzek. *In*: CONTATOS. Intérprete: Eduardo Duzek. Rio de Janeiro: Eldrado, 1991. 1 disco de vinil.

VILELA, Mário; KOCH, Ingedore Villaça. *Gramática da língua portuguesa*: gramática da palavra, gramática da frase, gramática de texto. Coimbra: Livraria Almedina, 2001.

VILLELA, Ana Maria Nápoles. *Pontuação e interação*. 1998. Dissertação (Mestrado em Letras) – Pontifícia Universidade Católica de Minas Gerais, Belo Horizonte, 1998.